U0317668

大香格里拉地区旅游气候特征评估

程清平　王斯绮　王世金　等 著

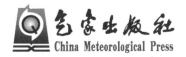
气象出版社
China Meteorological Press

内 容 简 介

本书系统介绍了大香格里拉地区气候变化基本特征及旅游气候舒适度和宜居性，主要内容包括 8 章，第 1 章介绍了该地区自然和人文背景，第 2 章介绍了主要采用的研究数据和研究方法，第 3 至 6 章介绍了构成旅游气候舒适度指数（TCI）的气温、降水、风速、相对湿度和日照时数等气象要素 1961—2019 年时空变化特征，第 7、8 章介绍了该地区旅游气候综合舒适度时空变化特征和宜居性。本书相关研究成果对旅游者、当地政府部门和居民等具有一定的参考价值，同时也为该地区旅游气候资源的合理开发和旅游宜居城市的建设等提供了一定的科学参考依据。

图书在版编目（ＣＩＰ）数据

大香格里拉地区旅游气候特征评估 / 程清平等著
. -- 北京 ： 气象出版社，2023.10
ISBN 978-7-5029-8035-1

Ⅰ．①大…　Ⅱ．①程…　Ⅲ．①旅游－气候评价－香格里拉县　Ⅳ．①P468.274.4

中国国家版本馆CIP数据核字(2023)第170874号

大香格里拉地区旅游气候特征评估
Daxianggelila Diqu Lüyou Qihou Tezheng Pinggu

出版发行：气象出版社	
地　　址：北京市海淀区中关村南大街 46 号	**邮政编码**：100081
电　　话：010 – 68407112（总编室）　010 – 68408042（发行部）	
网　　址：http：//www.qxcbs.com	**E-mail**：qxcbs@ cma.gov.cn
责任编辑：王　迪	**终　审**：张　斌
责任校对：张硕杰	**责任技编**：赵相宁
封面设计：艺点设计	
印　　刷：北京建宏印刷有限公司	
开　　本：787mm×1092mm 1/16	**印　张**：6
字　　数：154 千字	
版　　次：2023 年 10 月第 1 版	**印　次**：2023 年 10 月第 1 次印刷
定　　价：50.00 元	

本书作者

程清平　西南林业大学/云南大学国际河流与生态安全研究院

王斯绮　云南大学国际河流与生态安全研究院

王世金　中国科学院西北生态环境资源研究院

伍　洋　西南林业大学

王曼羽　沈阳大学

张宏英　西南林业大学

金韩宇　云南大学国际河流与生态安全研究院

邹永娜　西南林业大学

普学富　西南林业大学

李天艳　昆明理工大学附属中学

前　言

本书基于作者长期从事气候变化和旅游气候研究的基础上，以国家重点向国外推介的中国旅游地之一大香格里拉地区为研究对象，对其气候特征进行了评估。该区有众所周知的茶马古道、纳西古乐、东巴文字等，是全国知名的旅游目的地，同时是国家认定的重点旅游开发区。其冰川旅游资源丰富，是西部地区冰川旅游开发相对较成功的地区，5A 级知名冰川景区包括玉龙雪山国家风景名胜区和海螺沟冰川森林公园等，4A 级知名景区包括米堆冰川景区、梅里雪山国家公园和达古冰川风景名胜区等。此外，还包括洱海、怒江大峡谷、普达措国家公园、亚丁国家级自然保护区、雅鲁藏布江大峡谷、南迦巴瓦峰、大黑山森林公园等重要旅游资源。自 2002 年川、滇、藏三省（区）联合开发"香格里拉生态旅游区"以来，该地区一直备受国内外游客青睐。

本书汇编整理作者团队对"大香格里拉地区旅游气候变化特征及其气候舒适度和宜居性"的主要科研成果，分析了大香格里拉地区包括气温、降水、日照、风、相对湿度 5 个气象要素的时空分布和变化趋势特征，总结了该区气候变化特征，为该区更好地开展气候变化研究业务和服务提供了科学依据。在综合分析 5 个气象要素的基础上，书中对大香格里拉地区旅游气候舒适度及宜居性进行了评价。

本书在编撰过程中得到了云南基础研究专项面上项目（202301AT070227），"云南丽江玉龙雪山冰冻圈与可持续发展国家野外科学观测研究站自主课题"、中国科学院 A 类战略性先导子课题（XDA23060702）和国家自然科学基金委重大项目（41690143）资助，在此一并表示感谢！

本书希冀能够为人居环境气候评价和旅游宜居城市的建设尽到绵薄之力，助力该地区旅游事业蓬勃发展，尽管作者和编委花费了很大精力规划和编写本书，但是囿于团队能力限制，难免存在疏漏之处，欢迎读者批评指正。

作者
2023 年 2 月

目 录

第1章
研究区域概况

大香格里拉地区研究区域位于 94°—102°E, 27°—34°N, 包括四川西南部、云南西北部和西藏东南部的九个州（市、区），即四川省的甘孜藏族自治州、凉山彝族自治州和攀枝花市，云南省的迪庆藏族自治州、大理白族自治州、怒江傈僳族自治州和丽江市，西藏自治区的昌都区和林芝区（图 1.1），总面积为 52.87 万 km²，平均海拔 3300 m。区域内大江纵横、雪山高耸、湖泊星罗、森林茂密、草地连片，民族文化多样，宗教文化源远流长。

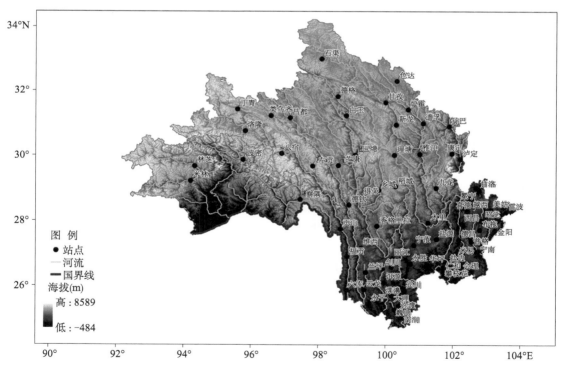

注：本图基于自然资源部标准地图服务系统的标准地图制作，底图无修改，下同（审图号：GS（2020）4619 号 自然资源部监制）。

图 1.1　研究区域图

1.1 自然概况

1.1.1 气候

大香格里拉地区气候干湿季明显，冬季干燥夏季湿润，年平均气温 10 ℃ 左右，年平均最低气温 −7~16 ℃，年平均降水在 760 mm 左右，降水多集中在 5—10 月，约占全年降水量的 85%。年平均日照时长约 2200 h，年平均相对湿度约为 60%（李亚飞 等，2011）。因地形高差大，本区温度垂直变化极为明显。复杂的地形形成了显著的山地垂直气候带性，包括了北热带、南亚热带、中亚热带、北亚热带、暖温带、中温带、寒带、高山苔原带等各种气候类型（徐柯健 等，2008）。

1.1.2 水文

大香格里拉地区密布的河流与陡峻的山谷使该地区成为我国水能蕴藏的宝库，中国 30%~40% 的水能富集于此。岷江、大渡河、雅砻江、金沙江、澜沧江、怒江时而在高原上静谧流淌，时而在深谷中奔腾咆哮。该区域内高原湖泊密布，如洱海、泸沽湖、碧塔海等，是民居集中、城市繁荣、农牧渔业殷盛、旅游业发达的地区。山间还有多种小型堵塞湖泊，如藏东然乌湖、易贡湖、巴松措和稻城海子山的众多海子，皆为冰碛堵塞或崩塌泥石流堵塞而成，现均为著名的风景区（徐柯健，2008a）。

1.1.3 植被

大香格里拉地区植被类型丰富，草甸、针叶林、灌丛、阔叶林都有分布，且具有典型的立体分布特征（李亚飞 等，2011）。高等植物种类高达 12000 多种，且其中有 29% 为本地区所独有。由于纵向河谷地形有利于南北不同生物区系的交汇、融合，所以本区虽是以中国—喜马拉雅植物区系为主，但也有中国—日本与印度—马来西亚等植物区系，不仅高山植被广泛，寒温带至亚热带等多种植被类型也较为常见。除高寒地域外，大部分山地生态气候环境适宜乔灌木生长，故本区植被覆盖度较大，森林覆盖率在 19% 以上，是我国森林集中分布区之一。森林树种组成以松杉类（多种云杉、冷杉及云南松、高山松等）为主。阔叶林树种虽繁多，但高山栎类林灌分布最广（徐柯健，2008a）。

1.1.4 土壤

大香格里拉地区土壤类型众多，适宜农林牧业综合开发利用，但它们数量多寡不等，开发程度不同，且具有鲜明的立体布局特点。例如，在香格里拉大峡谷，黄棕壤、棕壤、暗棕壤、棕色暗针叶林土、山地草甸土、寒冻土随海拔升高呈现有规律的更替（田昆 等，2004）。尽管土壤垂直分布十分明显，但由于区内成土环境复杂多样，各山地地理位置和高度不同，以及水热条件随高度变化情况的不一致，使得土壤垂直带谱的结构变化很大。

1.1.5　地质地貌

大香格里拉地区位处青藏高原的东南倾斜面，为青藏高原向川西盆地及滇中高原过渡的边缘切割山地区，地势总倾向为西北高、东南低。上新世初以来，该区急剧上升、褶皱，使中生代及更早时期就有的北西至北南向构造断裂带（如怒江、澜沧江、金沙江等断裂带）进一步断裂，且伴随有垂直差异性块断抬升和跷起运动，地势高差增大，出现一系列断陷盆地和地堑谷。受近南北向构造控制，自西向东依次排列有伯舒拉岭—高黎贡山、他念他翁山—怒江、宁静山—云岭、沙鲁里山、大雪山、邛崃山及岷山等纵向山脉。本区是我国现代冰川分布区最东和最南部分，属于低纬度高海拔海洋性山谷冰川发育地带，冰峰雪岭连绵不断。根据我国冰川编目统计，现代冰川主要分布在宁静山—云岭以西的香格里拉地区，尤其是伯舒拉岭—高黎贡山，共有冰川 849 条，是横断山最大最集中的冰川分布区。区内多山间盆地，如丽江盆地，泸沽湖盆地、中甸盆地、洱海盆地等，都是构造控制的断陷盆地（徐柯健，2008a）。

1.2　人文概况

1.2.1　社会经济

大香格里拉地区的经济类型多种多样，从原始时期的刀耕火种、渔猎、农牧等到现代农业和工业各种经济类型。丽江、凉山州等地区以农牧经济为主，怒江地区大多为原始的农业经济，大理地区有大量的现代工业和传统农业经济存在（丛艺，2022）。2008—2019 年该地区第一产业产值所占比重下降，第二产业和第三产业所占比重提高且第三产业成为促进经济增长的新引擎。随着产业结构不断优化升级实现了由"二、三、一"产业结构模式向"三、二、一"产业结构模式的演变。

1.2.2　民族文化

大香格里拉地区是中国西南部多个少数民族交错聚居区，包括藏、纳西、彝、白、傈僳、普米、独龙等十多个少数民族，是世界罕见的多民族、多语言、多文字、多种宗教信仰、多种生产生活方式和多种风俗习惯并存的汇聚区，被学术界誉为"多民族走廊"，形成了丰富多彩的民族风情（徐柯健，2008b）。

1.2.3　宗教文化

大香格里拉地区宗教教派多样，有藏传佛教、天主教、基督教、伊斯兰教、儒教、道教、儒佛道混合教，以及原始宗教（苯教、东巴教、毕摩教）等，多种宗教多种教派并存，和谐相处。

1.2.4　旅游资源

该区旅游价值突出，是国家旅游局重点向外国人推介的中国旅游地之一，有众所周知的茶马古道及纳西古乐、东巴文字发源地等，不仅是全国知名的旅游盛地，同时也是国家认定的重点旅游开发区。该区冰川旅游资源丰富，是西部地区冰川旅游开发相对较成功的地区，拥有 5A 级知名冰川景区包括玉龙雪山国家风景名胜区和海螺沟冰川森林公园等，4A 级知名景区包括米堆冰川景区、梅里雪山国家公园和达古冰川风景名胜区等。此外，还有洱海、怒江大峡谷、普达措国家公园、亚丁国家级自然保护区、雅鲁藏布江大峡谷、南迦巴瓦峰和大黑山森林公园等重要旅游资源。自 2002 年川、滇、藏三省（区）联合开发"香格里拉生态旅游区"以来，区内加大了旅游投资力度，旅游基础及服务设施被逐步配套完善，旅游产业在地方社会经济发展及居民生活改善方面发挥了重要作用（孙琨 等，2014）。

第 2 章
数据来源与研究方法

2.1 数据来源

2.1.1 气象数据

逐日气温、降水、日照时数、相对湿度等数据来源于中国气象科学数据共享服务网（http://data.cma.cn/）。每个站点数据都经过了严格的质量筛选，剔除了连续缺测 1 个月及 1 个月以上的站点，缺测 1 个月以下的站点取前后两年同一天平均值进行插值补齐，夏季风指数来自北京师范大学李建平教授个人主页（http://ljp.gcess.cn/dct/page/1），其他环流指数数据来源于中国气象局国家气候中心（http://cmdp.ncccma.net/Monitoring/cn_index_130.php），包括北极涛动（Arctic Oscillation，AO）、北大西洋涛动（North Atlantic Oscillation，NAO）、厄尔尼诺－南方涛动（El Niño-Southern Oscillation，ENSO）、太平洋年代际振荡（Pacific Decadal Oscillation，PDO）、以及东亚夏季风（East Asian Summer Monsoon，EASM）、南亚夏季风（South Asian Summer Monsoon，SASM）、南海夏季风（South China Sea Monsoon，SCSM）7 个环流指数的逐月数据资料。极端指数和环流指数的季节界定为冬季从 12 月—翌年 2 月，春季为 3—5 月，夏季为 6—8 月，秋季为 9—11 月，季风期为 5—10 月，11 月—翌年 4 月为非季风期。

基于 SPOT/VEGETATION 以及 MODIS 等卫星遥感影像得到的归一化植被指数（Normalized Difference Vegetation Index，NDVI）时序数据已经在各尺度区域的植被动态变化监测、土地利用/覆盖变化监测、宏观植被覆盖分类和净初级生产力估算等研究中得到了广泛的应用。1 km 分辨率的 NDVI 数据来源于中国科学院资源环境数据中心（https://www.resdc.cn/），$PM_{2.5}$ 格点数据来源于 Zhong 等（2022）。

2.1.2 社会经济数据

社会经济数据来源于《中国县域统计年鉴》《中国县（市）社会经济统计年鉴》以及各研究单位和城市的统计年鉴和统计公报。3A 级及以上景区数量根据中华人民共和国文化和旅游部以及云南、四川、西藏自治区文化和旅游厅公布的"国家 A 级景区"名单统计得出。

需要注意的是，由于一些地区的数据严重不足，笔者仅选取了 14 个县（市）、5 年的社会经济数据。

2.2 研究方法

采用 RClimDex 软件计算由气候变化检测和指数专家组（ETCCDI）定义的 27 个极端气候指数及年平均最高气温（Average annual maximum temperature，TXam）和年平均最低气温（Average annual minimum temperature，TNam）（Wang et al.，2021a；Shi et al.，2019）。利用 ArcGIS10.8 软件采用普通克里金法对极端气温、降水、日照进行空间分布插值，采用反距离权重（Inverse-Distance Weighting，IDW）对风速、相对湿度进行空间分布插值，采用 Theil-Sen 斜率、修订的 Mann-Kendall 趋势检验、Pettitt 突变检验对气温、降水、日照、风速和相对湿度的变化率、变化趋势显著性和突变点等进行分析，同时采用集合经验模态分解、双变量小波等对日照、风速和相对湿度变化周期及与大气环流指数的相关性进行分析。

2.2.1 Theil-Sen 斜率

Theil-Sen 趋势分析是一种非参数统计方法，不受数据缺失和分布形态影响，并且能有效避免异常值干扰，具有较好的抗噪性（Sen，1968）。假设时间序列 $X = \{x_1, x_2, \cdots, x_n\}$ 存在线性趋势 $X(t) = \beta t + B$，其中，t 为时间，β 为斜率，可以说明该趋势的变率大小，B 为常数。对序列样本中的任一对数据（x_k, x_i）都有斜率值 β_i：

$$\beta_i = \frac{x_i - x_k}{i - k} \tag{2.1}$$

式中，$i > k$，$i = 1, 2, \cdots, N$，$N = n(n-1)/2$，n 为样本序列的长度。

将 N 个斜率 β_i 按大小顺序排列，可以得到中值 β_{med}：

$$\beta_{med} = \begin{cases} \beta_{\left|\frac{N+1}{2}\right|}, & \text{如果 } N \text{ 是奇数} \\ \dfrac{\beta_{\left|\frac{N}{2}\right|} + \beta_{\left|\frac{N+2}{2}\right|}}{2}, & \text{如果 } N \text{ 是偶数} \end{cases} \tag{2.2}$$

Theil-Sen 斜率法定义 β_{med} 为斜率 β 的估计值，即 Sen's 斜率估计，当 $\beta_{med} > 0$ 时，序列呈上升趋势；当 $\beta_{med} = 0$ 时，序列趋势不明显；当 $\beta_{med} < 0$ 时，序列呈下降趋势。

2.2.2 修订的 Mann-Kendall 趋势检验

由于 Theil-Sen 斜率不能实现时间序列趋势的显著性判断，因此，在许多已有的研究中，通常引入 Mann-Kendall（M-K）方法来检验时间序列趋势的显著性（Hamed et al.，1998）。修订的 Mann-Kendall 检验法在 Mann-Kendall 的基础上应用方差校正方法解决时间序列的自相关问题从而能有效避免数据异常值的干扰，已广泛应用于水文气象时间序列趋势分析中，其能有效指示时间序列的趋势变化（Rao et al.，2020）。具有 n 个数据点的时间序列 $X = (x_1, \cdots, x_n)$ 的经典 Mann-Kendall 检验统计量（S）计算为（Mann，1945）：

$$S = \sum_{k=1}^{n-1} \sum_{i=k+1}^{n} \mathrm{sgn}(x_i - x_k) \tag{2.3}$$

$$\mathrm{sgn}(x_i - x_k) = \begin{cases} +1, & x_i - x_k > 0 \\ 0, & x_i - x_k = 0 \\ -1, & x_i - x_k < 0 \end{cases} \tag{2.4}$$

式中，x_i 和 x_k 分别是时间 i 和 $k(i > k)$ 时的数据值。趋势的显著性使用 Z 统计量计算得到：

$$Z = \begin{cases} \dfrac{S+1}{\sqrt{\mathrm{Var}(S)}}, & S > 0 \\ 0, & S = 0 \\ \dfrac{S-1}{\sqrt{\mathrm{Var}(S)}}, & S < 0 \end{cases} \tag{2.5}$$

式中，$\mathrm{Var}(S)$ 是 S 的方差。

在 M-K 检验（Hamed，2008）中，首先从时间序列中去除使用 M-K 检验估计的显著趋势，去趋势序列秩（R_i）的等效正态变量（Z_i）估计为：

$$Z_i = \varPhi^{-1}\left(\frac{R_i}{n+1}\right) \tag{2.6}$$

式中，$\varPhi^{-1}$ 是逆标准正态分布函数，时间序列的自相似性相关矩阵或赫斯特系数（H）使用以下方程导出（Koutsoyiannis，2003）：

$$C_n(H) = [\rho_{|j-i|}], \quad i = 1\cdots, n, \ j = 1\cdots, n \tag{2.7}$$

$$\rho_l = \frac{1}{2}(|l+1|^{2H} - 2|l|^{2H} + |l-1|^{2H}) \tag{2.8}$$

式中，ρ_l 是给定 H 的滞后 l 的自相关函数。H 的值是使用极大似然函数获得。H 的显著性水平是通过用 $H = 0.5$ 的平均值和标准偏差来确定。如果 H 是显著的，则对于给定的 H，S 的方差计算为：

$$V(S)^{H'} = \sum_{i<j} \sum_{k<1} \frac{2}{\pi} \sin^{-1}\left(\frac{\rho|j-i| - \rho|i-l| - \rho|j-k| + \rho|i-k|}{\sqrt{(2-2\rho|i-j|)(2-2\rho|k-l|)}}\right) \tag{2.9}$$

$V(S)^H$ 的估计中的偏差用如下的偏差校正因子 B 来去除：

$$V(S)^H = V(S)^{H'} \times B \tag{2.10}$$

其中 B 是 H 的函数，M-K 检验的显著性使用式（2.5）通过 $V(S)^H$ 代替 $V(S)$ 来计算（Hamed，2008）。通过趋势系数 Z 值判断该序列数据的变化趋势。当 $Z > 0$ 时表示呈上升趋势，$Z < 0$ 表示呈下降趋势，Z 的绝对值越大，说明该序列的变化趋势越显著。$|Z| \geqslant 1.96$ 表明通过 $P \leqslant 0.05$ 的显著性检验；$|Z| \geqslant 2.58$，表明通过 $P \leqslant 0.01$ 的显著性检验；$|Z| \geqslant 3.30$，表明通过 $P \leqslant 0.001$ 的显著性检验。

2.2.3　Pettitt 突变检验

Pettitt 突变检验是一种基于秩的非参数检测法，其物理意义清晰，可以明确突变时间，已经被广泛地应用于水文、气象序列的突变研究中（Pettitt，1979）。该检验选用 Mann-Whitney 的统计函数 $U_{t,n}$，公式如下：

$$U_{t,n} = U_{t-1} + \sum_{k}^{n} \text{sgn}(x_i - x_k), \quad t = 2, \cdots, n \tag{2.11}$$

式中，x_i，x_k 为欲进行假设检验的随机变量；n 代表数据序列的长度。$U_{t,n}$ 将根据第一个样本序列超过第二个样本序列次数的统计组成新的序列；Pettitt 法原假设为序列不存在突变点。通过 $U_{t,n}$ 序列最大值定义统计量 K_t 表征最可能的突变点：

$$K_{t,n} = \text{Max}_{1 \le t \le n} |U_{t,n}| \tag{2.12}$$

建立检验统计量 p 判别突变点是否显著，若 $p \le 0.05$，则 t 点为显著的突变点，p 值计算如下：

$$p = 2\exp[-6K_{t,n}^2 / (n^3 + n^2)] \tag{2.13}$$

2.2.4　小波变换相干

小波变换相干（Wavelet Transform Coherence，WTC）是基于时间和频率空间的相关系数（Torrence et al.，1998；Grinsted et al.，2004；Charlier et al.，2015；Hao et al.，2016），用于量化时域和频域两组非平稳序列间的线性关系，分析连续小波变换在时－频域的相干性，从而确定两个时间序列的协方差强度，在气象水文研究领域具有广泛应用（Dash et al.，2009）。对于时间序列 X 和 Y 进行小波变换得到 $W_n^x(s)$ 和 $W_n^y(s)$，定义 X 和 Y 的小波相干谱为：

$$R_n^2(s) = \frac{|S(s^{-1} W_n^{XY}(s))|^2}{S(s^{-1}|W_n^X(s)|^2) \cdot S(s^{-1}|W_n^Y(s)|^2)} \tag{2.14}$$

交叉小波谱 $W_n^{XY}(s)$ 为：

$$W_n^{XY}(s) = W_n^X(s) \cdot W_n^Y {}^*(s) \tag{2.15}$$

式中，S 是平滑器；s 为伸缩尺度；$*$ 表示复共轭；R_n^2 取 0 和 1 之间的值，其中 0 表示两个时间序列之间没有相关性，1 表示两个时间序列彼此完全相关。小波相干谱的显著性检验采用蒙特卡罗（Monte-Carlo）方法。基于 1000 次蒙特卡罗（Monte-Carlo）模拟计算 WTC 的平均相干度（Average Coherence，AC）。

2.2.5　集合经验模态分解

集合经验模态分解（Ensemble Empirical Mode Decomposition，EEMD）是一种新的时间序列信号处理方法（Wu et al.，2009）。该方法基于经验模态分解（Empirical Mode Decomposition，EMD），可以根据信号的特点，将信号从高频到低频自适应分解为一系列固有模态函数（Intrinsic Mode Function，IMF），从而逐级分离出原始信号中不同尺度的振荡或趋势分量。EEMD 综合了小波分析的优点，通过加入白噪声克服了模态混叠问题，将集成平均值作为最终结果，使其分解非线性和非平稳序列时具有更好的稳定性，可以提取真实的变化信号（徐岩岩 等，2017）。EEMD 分解的主要步骤有：

（1）在原始信号序列 $x(t)$ 中添加上第 i 次给定振幅的白噪声序列 $n_i(t)$：

$$x_i(t) = x(t) + n_i(t) \tag{2.16}$$

（2）对信号 $x_i(t)$ 进行 EMD 分解，得到一系列表示不同特征尺度的 IMF 分量；

（3）重复前两步操作过程，每次加入相同振幅的新生白噪声序列，共重复 N 次；

（4）对 N 次分解得到所有 IMF 分量后求集合平均，结果可以表示为：

$$C_j(t) = \frac{1}{N} \sum_{i=1}^{N} C_{ij}(t) \tag{2.17}$$

式中 $C_j(t)$ 为原始信号经过 EEMD 变换后的第 j 个 IMF 分量；N 为白噪声增加数；$C_{ij}(t)$ 为第 i 次加入白噪声后分解所得的第 j 个 IMF 分量。一般而言，EEMD 在分解过程中添加噪声是有限的，因而噪声幅值大小对分解结果影响甚微（Wu et al.，2009）。由此可知，使用 EEMD 方法不受人为经验干扰，具有较强的自适应性和分解便利性（柏玲 等，2017）。

EEMD 分解的各个 IMF 分量的信度可通过白噪声集合扰动来进行检验，如果分解所得的某个 IMF 能量相对于周期分布处于 95% 置信线以上，则说明该 IMF 分量表征的周期性振荡通过了 0.05 的显著性检验，是信号序列变化的主要周期，也称强周期；反之，则说明该 IMF 分量表示的周期性振荡不甚显著，称为弱周期（柏玲 等，2017；邵骏 等，2011）。

2.2.6　高原旅游气候舒适度指数构建框架

高原旅游气候舒适度指数（Tourism Climate Index of the Plateau，TCIP）用于评估大香格里拉地区的旅游气候舒适性，由旅游气候指数（Tourism Climate Index，TCI）、氧含量、太阳辐射 3 个指标组成，各指标的定义、公式和评价标准如下：

2.2.6.1　TCI

TCI 最早由 Mieczkowski（1985）提出，该指数由热舒适度指数（白天舒适指数与每日舒适指数）、降雨量、日照时长、风速 5 个部分组成。根据 Mieczkowski（1985），每日舒适指数与夜晚凉爽、白天炎热的生理效应有关，这与在一个舒适的夜晚睡眠后更能够承受一个不舒适的白天的体验密切相关（Mieczkowski，1985）。热舒适度指数使用 Missenard 方程确定（Grillakis et al.，2016），其计算公式如下：

$$CID = T_{max} - 0.4(T_{max} - 10)(1 - R_{min}) \tag{2.18}$$

$$CIA = T_{mean} - 0.4(T_{mean} - 10)(1 - R_{mean}) \tag{2.19}$$

式中，CID 为白天舒适指数，T_{max} 表示月平均最高温度（℃），R_{min} 表示月平均最低相对湿度（%）。CIA 为每日舒适指数，T_{mean} 表示月平均温度（℃），R_{mean} 表示月平均相对湿度（%），TCI 计算公式如式（2.20）所示：

$$TCI = 2(4CID + CIA + 2P_r + 2S_u + W) \tag{2.20}$$

式中，P_r 是月平均降雨量（mm），S_u 是月平均日照时长（$h \cdot d^{-1}$），W 是月平均风速（$m \cdot s^{-1}$）。

将上述月尺度改进为日尺度。例如，根据 24 h 和 12 h 降水量将月尺度修改为日尺度，如表 2.1 所示，计算每日 TCI 时，50 mm 降水量在评分量表上等级为零。对于月平均温度、月平均风速和湿度替换为气象站每日观测数据。每个变量的最大值设为 5.0（表 2.1），TCI 的最大值为 100。因此，根据表 2.2 中的描述，最终对式（2.20）的结果进行分类。如某一天，日平均温度为 22.5 ℃，日平均最高温度为 31.1 ℃，日平均相对湿度为 60.4%，日平均最低相对湿度为 21.3%，日平均风速为 2.8 $m \cdot s^{-1}$，日平均日照时长为 8.5 $h \cdot d^{-1}$，日平均降雨量为 21 mm。根据 Missenard 方程，计算得到日尺度 CID 和日尺度 CIA 值分别为 24.5 和 20.5。根据表 2.1 的评分，TCI 计算为 83，根据表 2.2，评级等级为优秀（Cheng et al.，2019）。

表 2.1   日尺度旅游气候指数分项指标评分表

等级	日尺度热舒适度 /℃	日平均降雨量 /mm	日平均日照时长 /(h·d⁻¹)	日平均风速 /(m·s⁻¹)
5	20 ~ 27	0.0 ~ 0.9	>10	<0.8
4.5	19 ~ 20 或 27 ~ 28	1.0 ~ 4.9	9 ~ 10	0.89 ~ 1.6
4	18 ~ 19 或 28 ~ 29	5.0 ~ 9.9	8 ~ 9	1.7 ~ 2.5
3.5	17 ~ 18 或 29 ~ 30	10.0 ~ 14.9	7 ~ 8	2.6 ~ 3.4
3	15 ~ 17 或 30 ~ 31	15.0 ~ 19.9	6 ~ 7	3.54 ~ 5.5
2.5	10 ~ 15 或 31 ~ 32	20.0 ~ 24.9	5 ~ 6	5.6 ~ 6.7
2	5 ~ 10 或 32 ~ 33	25.0 ~ 29.9	4 ~ 5	6.8 ~ 8.0
1.5	0 ~ 5 或 33 ~ 34	30.0 ~ 34.9	3 ~ 4	8.1 ~ 10.7
1	−5 ~ 0 或 34 ~ 35	35.0 ~ 39.9	2 ~ 3	>10.8
0.5	35 ~ 36	40.0 ~ 49.9	1 ~ 2	
0	−10 ~ 5	>50	<1	

注: 日尺度热舒适度等级适用于日尺度白天舒适指数 (CIA) 和日尺度每日舒适指数 (CID) 两个子指数。风速等级按 1 km·h⁻¹ = 0.28 m·s⁻¹ 换算。

表 2.2   日尺度旅游气候指数评级类别

TCI	等级	TCI	等级
90 ~ 100	理想	40 ~ 49	一般
80 ~ 89	优秀	30 ~ 39	不利
70 ~ 79	非常好	20 ~ 29	非常不利
60 ~ 69	好	10 ~ 19	极其不利
50 ~ 59	可接受	<10	不可能

2.2.6.2   氧含量

参考青海省氧含量计算方法 (http://www.weather.com.cn/qinghai/dqhyl/) 计算氧含量, 如下所示 (Liu et al., 2022; Li et al., 2022)。

$$\rho = 80.67 \times \left(\frac{p - e}{273 - t} \right) \qquad (2.21)$$

式 (2.21) 中 e 表示为:

$$e = e_s RH/100 \qquad (2.22)$$

$$e_s = 6.1078 \exp\left[a(t - 273.16)/(t - b) \right] \qquad (2.23)$$

其中 ρ 为氧含量 (g·m⁻³), t 为温度 (℃), p 是大气压 (hPa), e 是水汽压 (hPa), e_s 是饱和水汽压 (hPa), RH 是相对湿度 (%)。如果 $t \geqslant -15$ ℃, 那么 $a = 17.27$, $b = 35.86$; 如果 $t \leqslant -40$ ℃, 那么 $a = 21.87$, $b = 7.66$; 如果 -40 ℃ $< t < -15$ ℃, 那么 a 和 b 则通过线性插值获得。作为判断的依据, e 为定值。将氧含量除以海平面氧含量, 海平面氧含量参

考 Liu 等（2022），得到相对氧含量（ρ_r）：

$$\rho_r = \frac{\rho}{283.8} \tag{2.24}$$

2.2.6.3　太阳辐射

Angstrom-Prescott 模型用于计算太阳辐射（Ma et al. , 2020），如下所示：

$$Q = \left(a_s + b_s \frac{n}{N} \right) Q_a \tag{2.25}$$

式中，Q 是太阳辐射，Q_a 是地外辐射，n 是实际日照持续时间（h），N 是最大日照持续时间（h），a_s 和 b_s 是经验系数，取值分别为 0.25 和 0.50。

每日地外辐射 Q_a 的值表示为（Cai et al. , 2007）：

$$Q_a = \frac{24 \times 60}{\pi} G_{sc} d_r (w_s \sin\varphi \sin\delta + \sin w_s \cos\varphi \cos\delta) \tag{2.26}$$

式中，G_{sc} 是太阳常数（0.0820 MJ · m^{-2} · min^{-1}），d_r 是地球－太阳的反向相对距离，w_s 是日落时角（rad），φ 是所在地的纬度（rad），δ 是太阳赤尾（rad）。

2.2.6.4　权重确定方法

为了确保气候更适合的地方指数值更高，使用了不同的归一化方法。在高海拔地区，氧含量和舒适指数越高，环境越舒适，而太阳辐射越高，环境越不舒适。氧含量和旅游气候舒适指数的标准化公式如式（2.27）所示，太阳辐射标准化公式如式（2.28）所示（Liu et al. , 2022）：

$$S^* = \frac{S - S_{\min}}{S_{\max} - S_{\min}} \tag{2.27}$$

$$S^{**} = \frac{S_{\max} - S}{S_{\max} - S_{\min}} \tag{2.28}$$

式中，S^*，S^{**} 表示标准化后的值，S 表示需标准化的数据，$S_{\min}$ 表示需标准化数据的最小值，$S_{\max}$ 表示需标准化数据的最大值。

在本研究中，引入变异系数—熵权法来确定各指标权重。该方法确定的权重可以反映各评价指标的相对重要性，避免了确定权重时的主观性，使结果更具参考性（陈红光 等，2021）。

熵权法（Entropy Weight Method，EWM）是一种客观的权重方法，根据每个指标提供的信息量来确定权重值（Yan et al. , 2021）。然而，如果不考虑指标之间的影响，权重可能会失真（Cui et al. , 2018）。

$$\text{TCIP\_EWM} = 0.20 \times \text{TCI}^* + 0.49 \times \rho^* + 0.31 \times Q^* \tag{2.29}$$

式中 TCI^*、ρ^* 和 Q^* 分别为标准化后的舒适指数、氧含量和太阳辐射，标准化的范围为 0 至 1。

变异系数法（Coefficient of Variation，COV）是平均值与标准差的比值。该方法通过计算指标信息直接获得权重值，是计算权重的客观方法（Sun et al. , 2019）。

$$\text{TCIP\_COV} = 0.27 \times \text{TCI}^* + 0.41 \times \rho^* + 0.32 \times Q^* \tag{2.30}$$

在本研究中，为了避免单目标权重的不合理分配，将 EWM 和 COV 通过最小信息熵原理耦合（陈红光 等，2021；李帅 等，2014）。因此，我们使用变异系数—熵权法来确定 TCIP 的权重。最终计算结果按照表 2.3 中的描述等级进行分类。

$$TCIP = 0.24 \times TCI^* + 0.45 \times \rho^* + 0.31 \times Q^* \qquad (2.31)$$

表 2.3　高原旅游气候指数（TCIP）评级类别

TCIP	等级	TCIP	等级
[0.9，1]	理想	[0.4，0.5)	一般
[0.8，0.9)	优秀	[0.3，0.4)	不利
[0.7，0.8)	非常好	[0.2，0.3)	非常不利
[0.6，0.7)	好	[0.1，0.2)	极其不利
[0.5，0.6)	可接受	[0，0.1)	不可能

此外，我们采用以下方法对 TCIP 进一步分析：（1）使用分层聚类法对 1980—2019 年 20 个气象站的月平均 TCIP 值进行了分类；（2）使用修订的非参数检验 Mann-Kendall（M-K）估计了 TCIP 的变化趋势（Hamed et al.，2008；Cheng et al.，2018；Dendir et al.，2022）；（3）使用 IDW 空间插值技术，可视化 TCIP 的多月平均值的空间特征（Cai et al.，2019；Lu et al.，2008）；（4）偏相关方法用于分析影响 TCIP 变化的主要因素，并确定 TCIP 变化与气候因素之间的关系（Cheng et al.，2019）。

2.2.7　气候宜居评价体系的建立

虽然有几个重要因素影响城市的宜居程度，如自然、社会和经济因素，但目前的研究重点是气候因素。这里的"宜居性"概念侧重于城市是否适合人类居住，主要根据当前的气候条件和其他与气候相关的环境条件来评估（Wang et al.，2021）。因此，我们根据中国气象局发布的《气候资源评价——气候宜居城镇》建立了评价体系表 2.4。评价体系以气候宜居指数为总目标指数，包含气候宜居禀赋指数、气候不利条件指数、气候生态环境指数和气候舒适度 4 个一级指数，每个指数都有特定的指标，即气候宜居禀赋指数含 18 个指标，气候不利条件指数含 6 个指标，气候生态环境指数含 2 个指标，气候舒适度仅含 TCIP 一个指标，且所属指标相互独立（Dai et al.，2023），我们采用 2.2.6.4 小节所使用的计算方法计算每个指标的权重。首先，对于指标标准化，除气候不利条件所属指标使用与太阳辐射指数相同的标准化方法外，其余指标均采用与氧含量指数相同的标准化方法。其次，使用变异系数—熵权法来确定每个指标的权重。最后，采用加权求和的方式计算气候宜居禀赋指数（V_{j1}）、气候不利条件指数（V_{j2}）、气候生态环境指数（V_{j3}），气候舒适度指数（V_{j4}）。各指数综合评价如下：

$$V_j = \sum_{i=1}^{n} (v_{ij} W_i) \qquad (2.32)$$

式中，V_j 为 j 类指数评价结果；v_{ij} 为 j 类指数指标 i 标准化结果（$0 \leq V_{ij} \leq 1$）；W_i 是指标 i 的权重值（$0 \leq W_i \leq 1$）；n 为评价指标的个数，气候宜居指数（I）综合评价如下：

$$I = 0.2827 \times V_{j1} + 0.1617 \times V_{j2} + 0.2207 \times V_{j3} + 0.3349 \times V_{j4} \qquad (2.33)$$

表 2.4 气候宜居指数

总目标	一级指标	二级指标	指标类型/单位（属性）	权重
气候宜居指数	气候宜居禀赋（0.2827）	气温	年适宜温度（15 ℃≤T≤25 ℃）日数/d（正向）	0.1056
			7 月平均最低气温/℃（正向）	0.0431
			1 月平均最高气温/℃（正向）	0.0355
			年平均气温日较差/℃（正向）	0.0503
			夏季平均气温日较差/℃（正向）	0.0602
			冬季平均气温日较差/℃（正向）	0.0417
		降水	年降水量/mm（正向）	0.0462
			降水季节均匀度（冬季降水量与夏季降水量之比）/%（正向）	0.1981
			年适宜降水（0.1 mm≤R<10 mm）日数/d（正向）	0.0317
		湿度	年平均相对湿度/%（正向）	0.0412
			夏季平均相对湿度/%（正向）	0.0275
			年适宜湿度（50%≤H≤80%）日数/d（正向）	0.0497
		风	年平均风速/(m·s^{-1})（正向）	0.0544
			年适宜风（0.3 m·s^{-1}≤V≤3.3 m·s^{-1}）日数/d（正向）	0.0201
		日照	夏季日照时数/h（正向）	0.0342
			冬季日照时数/h（正向）	0.0453
		气压	大气氧含量（站年平均大气压与标准大气压之比）/%（正向）	0.0812
		气候季节	春秋季总长（一年中春季日数与秋季日数之和）/d（正向）	0.0340
	气候不利条件（0.1617）	气温	年高温（T_{max}≥35 ℃）日数/d（负向）	0.0511
			年低温（T_{min}≤-10 ℃）日数/d（负向）	0.2487
		降水	年大雨（R≥25 mm）以上日数/d（负向）	0.2565
			年无雨（R<0.1 mm）日数/d（负向）	0.2798
		风	年强风（V_{max}≥10.8 m·s^{-1}）日数/d（负向）	0.0589
			年静风（V_{min}≤0.2 m·s^{-1}）日数/d（负向）	0.1050
	气候生态环境（0.2207）	植被	NDVI（正向）	0.5587
		大气环境	PM$_{2.5}$（正向）	0.4413
	气候舒适度（0.3349）	旅游气候指数	TCIP（正向）	1

注：指标体系参照中国气象局 2020 年发布的《气候资源评价——气候宜居城镇》建立。

2.2.8 宜居指数综合评估体系的建立

在对大香格里拉地区气候宜居评估的基础上，关键系统和指标被确定。随后，增加了社会经济指标，构建了综合宜居指标体系，以促进区域宜居性的定量评价（贾占华 等，2017；康韵婕 等，2022）。因此，我们选取 14 个代表县（市）的社会经济指标，衡量该地区社会经济发展水平。指标权重的确定方法与 2.2.6.4 小节相同，宜居指数也使用加权求和方法计算得出表 2.5。指数值越大，宜居水平就越高，反之亦然。

表 2.5　城市宜居指数综合评估体系

总目标层	准则层	指标层/单位（属性）	代表符号	权重
城市宜居性评价指标体系	气候系统	气候宜居禀赋指数（正向）	X_1	0.0622
		气候不利条件指数（负向）	X_2	0.0520
		气候生态环境指数（正向）	X_3	0.0614
		气候舒适性指数（正向）	X_4	0.0601
	经济系统	人均全社会消费品零售总额/元（正向）	X_5	0.0761
		第三产业占 GDP 的比重（正向）	X_6	0.0586
		旅游总接待量/万人（正向）	X_7	0.0960
		3A 及以上景区数/个（正向）	X_8	0.0782
		人均 GDP/元（正向）	X_9	0.0711
	社会系统	中小学生在校人数/人（正向）	X_{10}	0.0817
		各种社会福利收养性单位数/个（正向）	X_{11}	0.0786
		每千人拥有卫生机构床位数/张（正向）	X_{12}	0.0707
		人口密度/（人·km²）（正向）	X_{13}	0.0952
		城镇化率/%（正向）	X_{14}	0.0580

2.2.9 地理探测器

地理探测器可用于进一步定量分析影响宜居水平的主导因素。地理探测器是探测空间分异性以及揭示其背后驱动因子的一种新型统计学方法，包括分异及因子探测、交互探测、生态探测、风险探测 4 种探测器（王劲峰 等，2017）。基于分异及因子探测和交互探测使用表 2.5 中的 14 个指标作为影响因子，利用分异及因子探测器检测各影响因子对宜居水平的影响，其计算公式如下：

$$q = 1 - \frac{\sum_{m=1}^{n} N_m \sigma_m^2}{N \sigma^2} \tag{2.34}$$

式中，q 为影响因素对宜居水平的解释力大小探测指标，取值为 [0，1]，q 值越大，说明该影响因素对宜居水平的解释力度越强；N 为该地区选取的代表县（市）的数量；N_m 表示 m 级代表县（市）的数量，$m=1$，…，n；n 为影响因子的分类数；按照自然断裂点将各影响因子从大到小分为 5 类，转化为类型变量。σ^2 为该地区宜居水平的离散方差；σ_m^2 表示 m 级宜居水平的离散方差。

交互作用探测器用来识别不同影响因子的交互作用，即评估两种影响因子共同作用时是否会增加或减弱对宜居水平的解释力，或是这些因子对宜居水平的影响是相互独立的。我们以影响因子 X_1（气候宜居禀赋指数）与影响因子 X_2（气候不利条件指数）为例，首先分别计算两种因子 X_1 和 X_2 对宜居水平的 q 值的影响：$q(X_1)$ 和 $q(X_2)$，并且计算它们交互时的 q 值：$q(X_1 \cap X_2)$，并对 $q(X_1)$、$q(X_2)$ 与 $q(X_1 \cap X_2)$ 进行比较。两个因子之间的关系可分为以下几类（表 2.6）：

表 2.6 两个因素之间的相互作用类型

判断依据	交互类型
$q(X_1 \cap X_2) < \mathrm{Min}(q(X_1), q(X_2))$	非线性减弱
$\mathrm{Min}(q(X_1), q(X_2)) < q(X_1 \cap X_2) < \mathrm{Max}(q(X_1), q(X_2))$	单因子非线性减弱
$q(X_1 \cap X_2) > \mathrm{Max}(q(X_1), q(X_2))$	双因子增强
$q(X_1 \cap X_2) = q(X_1) + q(X_2)$	独立
$q(X_1 \cap X_2) > q(X_1) + q(X_2)$	非线性增强

第 3 章
大香格里拉地区极端气温和降水变化特征

IPCC（政府间气候变化专门委员会）第六次评估报告指出，20 世纪以来全球地表平均温度已上升约 1 ℃，大多数陆地和海洋地区平均温度上升，大多数居住地区的热极端事件增加，某些地区的强降水增加，干旱和降水不足的概率上升（IPCC，2021）。20 世纪中叶以来，全球平均表面温度增加 4 ℃ · $(10\ a)^{-1}$，气候变暖使得极端天气事件频发（Lin et al.，2017），由此引发高温干旱、冰雹、山洪及泥石流等自然灾害，直接对人民的生产生活造成严重影响。探究不同区域尺度极端气候时空变化特征及响应机制，对采取适应气候变化的对策具有重要价值，为此国内外学者做出了大量研究。Gan 等（2019）基于全球日气温数据发现北美 38 年来日最低气温明显下降且与北大西洋年代际振荡（Atlantic Multi-decadal Oscillation，AMO）有显著关系。Wang 等（2021a）基于站点日降水观测资料指出高纬西伯利亚永久冻土区对极端降水事件响应显著。Islam 等（2021）根据 11 个极端气候指数，探究恒河流域极端气温降水的时空变化与大尺度环流的响应变化。

中国西南地区是长期遭受极端气候事件影响的地区之一（Qin et al.，2015），2009 年秋季到 2010 年春季，西南沿海地区遭遇一个世纪以来最严重的干旱，1600 万人无法获得饮用水，近 100 hm^2 的土地没有收成（Hance，2010）；2009 年 8 月重庆东部和中西部遭受暴雨袭击，洪水摧毁超过 10000 所房屋，造成直接经济损失 6.8 亿元（Wang，2009）。这些灾害事件造成的影响使西南地区极端气候事件变化特征及影响成为学者研究焦点。如刘琳等（2014）发现西南 5 省（区）最大日降水量和强降水量均有显著增加，气温整体有变暖的趋势。马振锋等（2006）指出，20 世纪中后期青藏高原、川西高原、云贵高原气温上升、降水增加、湿度增大趋势显著，尤其青藏高原地区于 1966 年最早开始突变。卞耀劲等（2021）和苏锦兰等（2020）探讨了横断山区气候变化和地形地势及大气环流的联系，发现横断山区整体呈现变暖变干趋势，尤其南部河谷地带暖干化趋势明显。雅鲁藏布江流域，怒江流域极端降水事件显著上升，而南盘江流域极端降水指数显著减小，极端暖指数显著上升（张仪辉 等，2022；洪美玲 等，2019；柴素盈 等，2020）。

以上研究表明，西南地区极端气候事件存在较大空间分异，针对不同的研究需要，各学者研究侧重点有所不同。但上述研究鲜有关于大香格里拉地区长时间尺度极端气候事件的相关报道，因此，以大香格里拉地区为研究对象，本章节拟解决的科学问题为"长时间尺度下大香格里拉地区极端气候指数呈现如何变化？与大尺度环流有何联系？"通过 1961—2019 年大香格里拉地区 56 个站点的逐日最高气温、最低气温以及降水量数据，计算气候变化检测和指数专家组（ETTCDI）发布的 27 个极端气候指数（极端气温与降水指数）以及年平均最高气温（TXam）和年平均最低气温（TNam）（表 3.1），揭示其时空变化特征，以期为大香格里拉地区应对旱涝灾害、保障农业生产与顺利开展旅游活动提供科学参考。

表 3.1　极端气温与降水指数定义（Zhang et al.，2011）

类别	序号	代码	指数名称	指数定义	单位
其他指数	1	TXam	年平均最高气温	年内月最高气温平均值	℃
	2	TNam	年平均最低气温	年内月最低气温平均值	℃
	3	DTR	气温日较差	年内日最高气温与最低气温差值	℃
极端暖指数	4	WSDI	暖日持续指数	年内至少连续 6 日最高气温 >90% 分位值的日数	d
	5	TR	热夜指数	年内日最低气温 >20 ℃ 的日数	d
	6	SU	夏日日数	日最高气温 >25 ℃ 的日数	d
	7	TN90p	暖夜指数	日最低气温大于 1960—2015 年的第 90 个百分位数值的日数	d
	8	TX90p	暖昼日数	日最高气温大于 1960—2015 年的第 90 个百分位数值的日数	d
	9	TXx	日最高气温最大值	年内日最高气温的极大值	℃
	10	TNx	日最低气温最大值	年内日最低气温的极大值	℃
	11	GSL	作物生长季	日平均气温 >5 ℃ 的日数	d
极端冷指数	12	CSDI	冷日持续指数	年内至少连续 6 日最低气温 <10% 分位值的日数	d
	13	FD	霜冻日数	年内日最低气温 <0 ℃ 的日数	d
	14	ID	冰冻日数	年内日最高气温 <0 ℃ 的日数	d
	15	TN10p	冷夜日数	日最低气温小于 1960—2015 的第 10 个百分位数值的日数	d
	16	TX10p	冷昼日数	日最高气温小于 1960—2015 的第 10 个百分位数值的日数	d
	17	TNn	日最低气温极小值	每个月日最低气温的极小值	℃
	18	TXn	日最高气温极小值	每个月日最高气温的极小值	℃
极端降水强度指数	19	PRCPTOT	年降水量	年内日降水量≥1 mm 的降水量之和	mm
	20	RX1day	最大 1 日降水量	每月内连续 1 日降水量最大值	mm
	21	RX5day	最大 5 日降水量	每月内连续 5 日降水量最大值	mm
	22	R95p	强降水总量	年内日降水量大于等于标准时段日降水量序列第 95 百分位值的降水量之和	mm
	23	R99p	极强降水总量	年内日降水量大于等于标准时段日降水量序列第 99 百分位值的降水量之和	mm
	24	SDII	日降水强度	降水量≥1 mm 的总量与日数之比	mm·d^{-1}
极端降水频次指数	25	R10mm	中雨以上日数	年内日降水量≥10 mm 的日数	d
	26	R20mm	大雨以上日数	年内日降水量≥20 mm 的日数	d

类别	序号	代码	指数名称	指数定义	单位
极端降水频次指数	27	R25mm	暴雨以上日数	年内日降水量 ≥25 mm 的日数	d
	28	CDD	持续干燥日数	日降水量 <1 mm 的最长连续日数	d
	29	CWD	持续湿润日数	日降水量 ≥1 mm 的最长持续日数	d

3.1　极端气温

3.1.1　年平均最高、最低气温和气温日较差的时空变化

近 59 年大香格里拉地区 TXam 和 TNam 均表现出显著的上升趋势，变化率分别为 0.025 ℃·a^{-1}和 0.032 ℃·a^{-1}，两者线性拟合均通过了 0.01 显著性检验（图 3.1）。而气温日较差 DTR 则呈不显著的下降趋势，变化率为 0.006 ℃·a^{-1}。说明大香格里拉地区年平均最高气温和最低气温不断增加，气温日较差有所下降。

从季节变化来看（表 3.2），大香格里拉地区 TXam 在夏、秋、冬 3 季均呈显著增长（$Z > 2.58$），且冬季上升幅度最大，达 0.036 ℃·a^{-1}，其次是秋季和夏季，变化率分别为 0.029 ℃·a^{-1}和 0.023 ℃·a^{-1}，春季的变化率为 0.019 ℃·a^{-1}；而 TNam 的季节差异相对较小，其中秋季增幅最大，以 0.027 ℃·a^{-1}的变化率显著增加，夏季增幅最小，变化率仅为 0.017 ℃·a^{-1}，且四季均通过了 0.01 的显著性检验；DTR 在春、秋和冬季分别以 −0.035 ℃·a^{-1}、−0.018 ℃·a^{-1}和 −0.033 ℃·a^{-1}的变化率呈显著下降趋势（$Z < −1.96$），夏季以 −0.008 ℃·a^{-1}的幅度呈不显著的减小趋势。

从图 3.1 可知，大香格里拉地区 TXam 除盐源站外整体上升趋势明显。整个研究区域的 TXam 在 6.46 ~27.77 ℃，其中有 85.7% 的站点（表 3.3）通过了 0.05 的显著性检验；TXam 较高的站点主要分布在金沙江下游与澜沧江中游的干旱河谷区，以及东部凉山州境内低海拔处。相较于 TXam，TNam 的空间差异更大，共有 74.6% 的站点通过了 0.01 的显著性检验，呈显著上升，仅 8.93% 的站点 TNam 呈下降趋势，均分布于雅砻江以东，平均温度为 −3.23 ℃，TNam 较高的站点同样分布在南部和东部的干旱河谷区，温度范围介于 0.33 ~ 14.84 ℃。DTR 的空间差异最小，仅 7.1% 的站点通过了显著性检验（$|Z| > 1.96$），以青藏高原为界，青藏高原以北气温日较差高于青藏高原以南，气温日较差大的站点也多分布于此带，其中以东北部站点增幅最为显著，气温日较差平均值是 14.31 ℃。

表 3.2　部分极端气温指数的季节变化趋势和显著性水平

指数	春		夏		秋		冬		年	
	变化率	Z	变化率	Z	变化率	Z	变化率	Z	变化率	Z
TXam(℃·a^{-1})	0.019	2.201	0.023	4.159	0.029	3.963	0.036	3.353	0.026	4.656
TNam(℃·a^{-1})	0.024	2.750	0.017	3.143	0.027	4.562	0.023	4.468	0.023	5.248

指数	春		夏		秋		冬		年	
	变化率	Z	变化率	Z	变化率	Z	变化率	Z	变化率	Z
DTR(℃·a^{-1})	−0.035	−2.510	−0.008	−1.306	−0.018	−1.988	−0.033	−2.532	−0.025	−2.477
TN90p(d·a^{-1})	0.036	0.433	0.005	0.124	0.194	4.012	0.044	0.971	0.079	1.412
TX90p(d·a^{-1})	0.232	2.326	0.224	1.585	0.006	0.230	0.235	4.915	0.194	2.161
TXx(℃·a^{-1})	0.031	3.250	0.026	4.782	0.028	2.244	0.044	3.850	0.023	3.224
TNx(℃·a^{-1})	−0.003	−0.312	0.008	2.230	0.014	3.093	0.013	0.979	0.000	0.141
TN10p(d·a^{-1})	−0.393	−3.520	−0.216	−3.589	−0.195	−3.163	−0.239	−2.072	−0.282	−3.258
TX10p(d·a^{-1})	−0.132	−1.208	−0.344	−4.330	−0.367	−3.245	−0.477	−4.749	−0.324	−2.277
TNn(d·a^{-1})	0.031	2.682	0.024	4.552	0.027	3.237	0.031	3.193	0.037	3.270
TXn(d·a^{-1})	0.001	0.196	0.013	1.570	0.023	2.152	0.014	1.649	0.014	1.614
RX1day	0.063	3.333	0.039	1.007	0.079	3.371	0.014	0.825	0.085	1.831
RX5day	0.031	1.043	0.112	1.742	0.013	0.347	−0.002	−0.557	0.188	1.601

表 3.3　极端气温和降水指数趋势及显著性水平统计

指数	趋势上升/下降	指数	趋势上升/下降	指数	趋势上升/下降
TXam	55 (85.7%*, 98.2%)/ 1 (1.8%)	GSL	56 (51.8%*, 100%)/ 0 (0%)	RX5day	38 (9.4%*, 67.9%)/ 18 (32.1%)
TNam	51 (74.6%*, 91.1%)/ 5 (8.9%)	CSDI	2 (3.6%)/ 54 (26.8%*, 96.4%)	R95p	41 (14.3%*, 73.2%)/ 15 (26.8%)
DTR	20 (7.1%*, 35.7%)/ 36 (16.1%*, 64.3%)	FD	1 (1.8%)/ 55 (84.0%*, 98.2%)	R99p	40 (10.7%*, 71.4%)/ 16 (28.6%)
WSDI	53 (30.4%*, 94.6%)/ 3 (5.4%)	ID	1 (1.8%)/ 19 (14.3%*, 34.0%)	SDII	46 (21.4%*, 82.1%)/ 10 (17.9%)
TR	34 (32.1%*, 60.7%)/ 2 (3.6%)	TN10p	1 (1.8%)/ 55 (85.7%, 98.2%)	R10mm	27 (7.1%*, 48.2%)/ 29 (14.3%*, 51.8%)
SU	54 (60.7%*, 96.4%)/ 2 (3.6%)	TX10p	3 (5.4%)/ 53 (35.7%*, 94.6%)	R20mm	33 (3.6%, 58.9%)/ 23 (3.6%, 41.1%)
TN90p	55 (87.5%*, 98.2%)/ 1 (1.8%)	TNn	55 (85.7%*, 98.2%)/ 1 (1.8%)	R25mm	33 (10.7%*, 58.9%)/ 23 (3.6%*, 41.1%)
TX90p	56 (85.7%*, 100%)/ 0 (0%)	TXn	52 (32.1%*, 92.9%)/ 4 (7.1%)	CDD	42 (12.5%*, 75%)/ 14 (1.8%*, 25%)
TXx	55 (82.1%*, 98.2%)/ 1 (1.8%)	PRCPTOT	33 (17.9%*, 58.9%)/ 23 (12.5%*, 41.1%)	CWD	13 (23.2%)/ 43 (16.1%*, 76.8%)
TNx	52 (80.4%*, 92.9%)/ 4 (7.1%)	RX1day	47 (9.0%*, 83.9%)/ 9 (16.1%)		

注：采用修订的 Mann-Kendall 趋势分析法，括号外为趋势上升/下降的站点总数，不带 * 数字是趋势上升或下降站点的百分比，带 * 数字为通过 0.05 显著性检验的站点百分比。

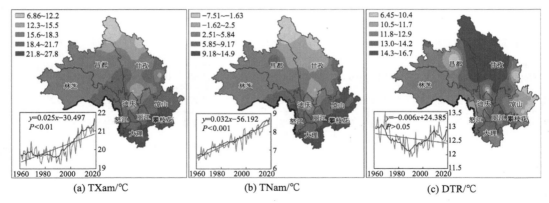

注：小图纵坐标分别为：（a）TXam/℃，（b）TNam/℃，（c）DTR/℃；横坐标为年份（下同）。

图 3.1　1961—2019 年大香格里拉地区平均最高气温（a）、最低气温（b）和气温日较差（c）的时空变化

3.1.2　极端气温暖指数时空变化

从图 3.2 可见，近 59 a 来，大香格里拉地区暖指数均表现为不同程度显著增加趋势。具体来说，时间尺度上，除了 WSDI 以 0.129 ℃·a^{-1} 的变化率呈通过 0.05 显著性水平增加外，其他 7 个暖指数均通过 0.01 的显著性检验呈增加趋势；其中，TXx 和 TNx 分别以 0.028 d·a^{-1} 和 0.025 d·a^{-1} 的变化率显著增加；SU 和 GSL 的上升幅度明显高于前两者，其变化率分别为 0.406 d·a^{-1} 和 0.301 d·a^{-1}；相对指数 TN90p 和 TX90p 增幅相差不大，分别以 0.387 d·a^{-1} 和 0.353 d·a^{-1} 的变化率呈显著上升趋势；TR 的上升趋势也比较明显，以 0.135 ℃·a^{-1} 的变化率呈显著上升趋势。变化过程上，WSDI、TN90p 以及 TX90p 存在相似的变化趋势，其变化峰值年皆出现在 2010 年前后，低谷年皆出现在 1990 年左右。TR、SU、TXx 以及 TNx 皆呈"Z"字型走向，20 世纪 80—90 年代中期维持低位波动，20 世纪 90 年代到 21 世纪 00 年代初呈突变增长趋势，2010 年后则维持高位稳定波动，这滞后于全球变暖停滞时间。对于 GSL 而言，线性变化趋势更加明显，也可以清晰看到，21 世纪以来，GSL 下降趋势减弱并维持高位波动。

从季节变化来看（表 3.2），大香格里拉地区 TN90p 季节变化差异较大，其中秋季增加最明显，以 0.194 d·a^{-1} 的变化率通过了 0.001 的显著性检验，而春、夏和冬季的增加幅度仅为 0.036 d·a^{-1}、0.005 d·a^{-1} 和 0.044 d·a^{-1}；TX90p 在春季和冬季的增加幅度均通过 0.05 的显著性检验，变化率分别为 0.232 d·a^{-1} 和 0.235 d·a^{-1}，秋季增加幅度最小，变化率为 0.006 d·a^{-1}；TXx 在春、夏、秋季和冬季均通过了 0.05 显著性检验，且冬季上升幅度最大，达 0.044 ℃·a^{-1}，其次是春季和秋季，变化率分别为 0.031 ℃·a^{-1} 和 0.028 ℃·a^{-1}，夏季的变化率为 0.026 ℃·a^{-1}；TNx 夏季与秋季分别以 0.008 ℃·a^{-1} 和 0.014 ℃·a^{-1} 的变化率的增幅通过了 0.05 的显著性检验，春季以 −0.003 ℃·a^{-1} 的幅度呈下降趋势，冬季无明显变化。

从空间尺度来看（图 3.2），WSDI 中，5.4% 的站点呈减小趋势，均分布在雅砻江河谷区，仅 30.36% 的站点通过了 0.05 的显著性检验，WSDI 平均日数达 5.21 d。TR 和 SU 的空间差异较大（图 3.2b—c），呈现出东南高西北低的特征，其中 TR 有 35.71% 位于青藏高原与高寒山区的站点为 0 日，另有 32.1% 的站点表现为显著的增加趋势，多分布于河谷地带，而 SU 有 60.7% 的站点呈显著的增加趋势，且集中分布于怒江、澜沧江南部河谷，区域平均夏日日数为 98.96 d。TN90p 和 TX90p 的空间差异小，仅介于 18.1 ~ 19.5 d，其中 TN90p 有 87.50% 的站点通过了显著性检验，除宁南站呈不显著的下降趋势外，其他所有站点均呈增加趋势；而 TX90p 有 14.3% 的站点未通过显著性检验，几乎全位于北部高原区，其中盐源站呈不显著的下降趋势。TNx 整体增加趋势较为明显，有 92.9% 的站点处于上升趋势（图 3.2g），80.4% 的站点通过了 0.05 的显著性检验，处于下降趋势的站点全部位于东南部。所有暖指数中，GSL 的空间差异最大（图 3.2h），整个大香格里拉地区 GSL 在 115.44 ~ 366.10 d，南部几乎全年为作物生长季。

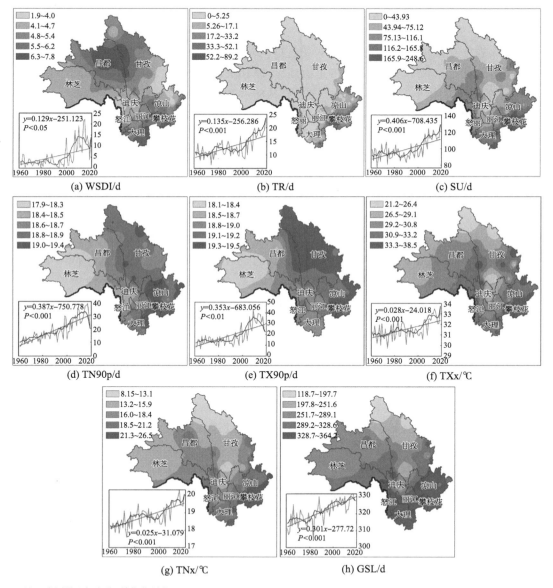

注：小图纵坐标名称/单位分别为：（a）WSDI/d，（b）TR/d，（c）SU/d，（d）TN90p/d，（e）TX90p/d，（f）TXx/℃，（g）TNx/℃，（h）GSL/d。

图 3.2　1961—2019 年大香格里拉地区极端气温暖指数的时空变化

3.1.3　极端气温冷指数的时空变化

从年际变化来看（图 3.3），大香格里拉地区各极端气温冷指数变化差异较大，其中，TNn 和 TXn 分别以 0.045 ℃·a^{-1} 和 0.019 ℃·a^{-1} 的变化率呈显著上升趋势，且 TNn 通过了 0.001 的显著性检验，其余 5 个冷指数均表现为不同程度的下降趋势。具体表现为，CSDI 以 −0.114 d·a^{-1} 的变化率呈显著下降趋势；FD 的减小幅度是 ID 的 13 倍，其变化率分别为 −0.429 d·a^{-1} 和 −0.032 d·a^{-1}，且 FD 的减小幅度通过了 0.001 的显著性检验；TN10p 的减小幅度也通过了 0.001 的显著性检验，变化率达 −0.441 d·a^{-1}，而 TX10p 的减小幅度仅为 −0.149 d·a^{-1}。在全球气候变暖背景下，极端气温冷指数 CSDI、FD 和 TN10p 等呈下降趋势，而极端气温暖指数 WSDI、TR 和 SU 等呈上升趋势，这种冷暖指数变化态势的共同作用下导致大香格里拉地区 DTR 表现为下降趋势。

在季节变化上（表 3.2），大香格里拉地区 TN10p 在春、夏、秋和冬季的减小幅度均通过了 0.01 的显著性检验，且季节差异较小，其中春季降幅最大，达 −0.393 d·a^{-1}，其次是冬、夏和秋季；与 TN10p 相比，TX10p 的季节差异较大，冬季以 −0.477 d·a^{-1} 的变化率显著下降（$P < 0.001$），而春季变化率仅为 −0.132 d·a^{-1}；TNn 和 TXn 均表现为秋季和冬季变化幅度较大，春季和秋季变化幅度较小，TNn 秋冬季变化率分别为 0.027 ℃·a^{-1} 和 0.031 ℃·a^{-1}，TXn 秋冬季变化率分别为 0.023 ℃·a^{-1} 和 0.014 ℃·a^{-1}。

空间分布上（图 3.3），整个研究区域内 CSDI 的下降幅度明显，有 96.4% 的站点呈下降趋势，但仅有 26.8% 的站点通过了 0.05 的显著性检验（表 3.3），CSDI 空间差异较小，平均日数仅 3.37 d，日数较多的站点多分布于西南部高黎贡山、怒山等地。FD 和 ID 的空间分布差异较大（图 3.3b—c），FD 北部日数最高站点可达 270.74 d，而南部最低站点却不足 1 d，几乎所有站点均处于下降趋势，且有 84% 的站点通过了 0.05 的显著性检验，相对而言，ID 在研究区内的差异较小，仅 14.3% 的站点通过 0.05 显著性检验，且在南部 60.71% 的站点为 0 d。TN10p 和 TX10p 的空间分布相似（图 3.3d—e），日数较多的站点均分布于东北至西南一带，介于 18.08 ~ 19.57 d，但 TN10p 整个研究区域内的所有站点皆呈下降趋势，且通过 0.05 显著性水平的站点达 85.7%，而 TX10p 通过 0.05 显著性检验的站点仅 35.71%，且在南部仍有部分站点呈上升趋势。TNn 几乎所有站点均呈上升趋势（图 3.3f），85.7% 的站点通过了 0.05 显著性检验，与 TNn 相比，TXn 的空间差异更小，除盐源站外所有站点变化率均呈上升趋势，只有 32.1% 的站点通过了 0.05 的显著性检验，呈显著上升趋势。

3.2　降水变化

3.2.1　极端降水强度指数时空变化

1961—2019 年，大香格里拉地区各极端降水强度指数变化差异较小，均表现为不同程度的上升趋势（图 3.4）。具体来说，年降水量（Annual Total Wet-Day Precipitation，PRCP-

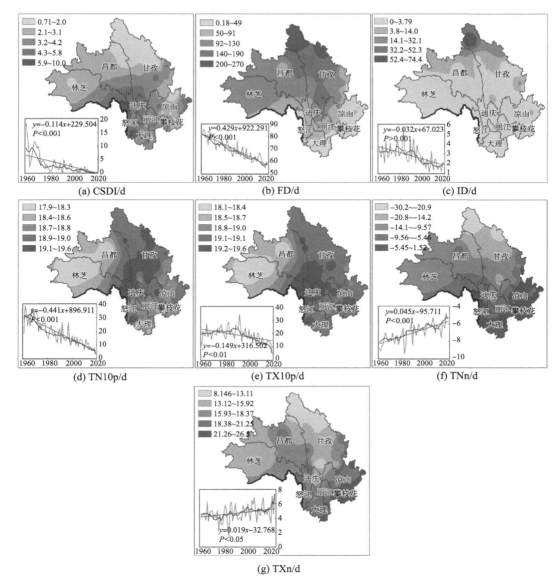

注：小图纵坐标分别为：（a）CSDI/d，（b）FD/d，（c）ID/d，（d）TN10p/d，（e）TX10p/d，（f）TNn/℃，（g）TXn/℃。

图 3.3　1961—2019 年大香格里拉地区极端气温冷指数时空变化

TOT）以 0.234 mm·a^{-1} 的变化率呈不显著的增加趋势，RX1day 和 RX5days 上升幅度明显小于前者，分别以 0.082 mm·a^{-1} 和 0.013 mm·a^{-1} 的变化率呈上升趋势，且 Rx1day 通过了 0.01 的显著性检验，R95p 和 R99p 皆通过了显著性检验（$P<0.05$），分别以 0.424 mm·a^{-1} 和 0.281 mm·a^{-1} 的变化率表现为上升趋势；SDII 的增加幅度为降水强度指数中最低，其以 0.01 mm·d^{-1}·a^{-1} 变化率显著上升。变化过程中，1961—1969 年各降水强度指数无明显变化趋势。1975 年和 2010 年前后各项降水强度极值基本偏低，是大香格里拉地区 2 个明显的旱期，区域年降水量仅分别在 720 mm 和 710 mm 左右。而 20 世纪 80—90 年代末各降水强度指数普遍较高，呈 "M" 型增长，基本维持高位波动。

在季节变化上，大香格里拉地区 RX1day 在春、夏、秋和冬季分别以 0.063 mm·a^{-1}、

$0.039\ mm \cdot a^{-1}$、$0.080\ mm \cdot a^{-1}$和$0.014\ mm \cdot a^{-1}$的变化率呈上升趋势，其中春季和秋季的变化率通过了0.001的显著性检验；而RX5day四季皆未通过0.05的显著性检验，且季节差异较大，夏季上升幅度最大，变化率达$0.112\ mm \cdot a^{-1}$，冬季以$-0.002\ mm \cdot a^{-1}$的变化率呈下降趋势。

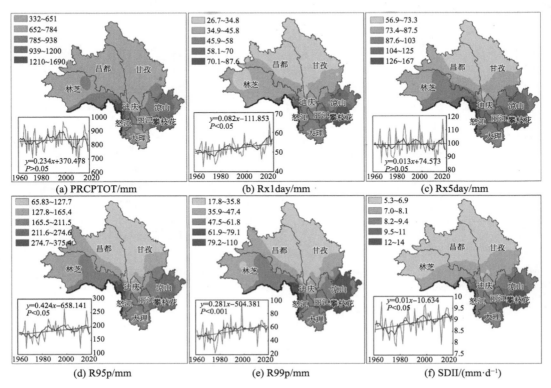

注：小图纵坐标分别为：（a）PRCPTOT/mm，（b）RX1day/mm，（c）Rx5day/mm，（d）R95p/mm，（e）R99p/mm，（f）SDII/（mm·d⁻¹）。

图 3.4　1961—2019 年大香格里拉地区极端降水强度指数时空变化

空间尺度上（图3.4），各降水强度指数呈现北低南高的空间分布特征，低值区域基本分布于青藏高原区北部，高值区位于云贵高原区西南部、雅鲁藏布江河谷区以及东部的四川盆地边缘，表明大香格里拉地区降水强度受东南和西南两大季风的影响强烈。其中PRCP-TOT有58.9%的站点呈上升趋势（表3.2），但仅有17.9%的站点通过了0.05的显著性检验，整个研究区域年总降水量在332～1690 mm，空间分异较大。RX1day与RX5day大部分站点未通过显著性检验，少量通过0.05显著性检验的站点多分布于北部高原区，各站点RX1day和RX5day降水整体呈上升趋势。R95p和R99p皆有70%左右的站点呈上升趋势，且10%以上的站点通过了显著性检验，二者降水量最大的站点均为怒江流域的贡山站。大香格里拉地区SDII的变化范围在5.3～14 mm·d⁻¹，空间差异较小，其中有17%的站点呈下降趋势。整体上北部青藏高原区发生极端降水较少，金沙江下游流域和横断山区西部与南部边缘地区的极端降水量较高。

3.2.2　极端降水频次指数时空变化

在年际变化上（图 3.5），大香格里拉地区极端降水频次指数 CWD 表现出了显著的下降趋势，变化率为 − 0.017 d · a⁻¹，其他四个频次指数皆表现为不显著的上升趋势，其中 R10mm、R20mm 以及 R25mm 分别以 0.001 d · a⁻¹、0.004 d · a⁻¹ 和 0.007 d · a⁻¹ 的变化率呈现微弱的上升趋势。CDD 的上升趋势略大于前三者，变化率为 0.03 d · a⁻¹。在变化过程上，各极端降水频次指数多年来变化不大，R10mm、R20mm 和 R25mm 变化趋势一致，其变化低值年皆出现在 2010 年前后，是降水强度减少的响应；CDD 变化趋势与前 3 个指数几乎相反，其在 2010 年出现峰值，以此为界前期表现下降，后期表现为上升。CWD 也受到 2010 年的旱期影响，整体呈微弱减少趋势。

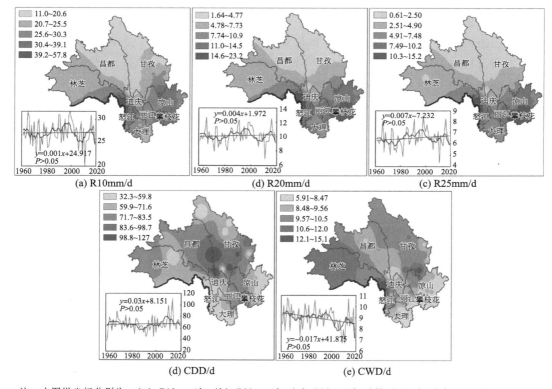

注：小图纵坐标分别为：（a）R10mm/d，（b）R20mm/d，（c）R25mm/d，（d）CDD/d，（e）CWD/d。

图 3.5　1961—2019 年大香格里拉地区极端降水频次指数时空变化

从空间变化来看（图 3.5），极端降水频次指数 R10mm、R20mm 和 R25mm 的空间分布特征与降水强度指数一致，分别有 48.2%、60% 和 60% 的站点呈上升趋势（表 3.2），表明长期以来大香格里拉地区强降水事件在不断增加，3 个指数通过 0.05 显著性检验的站点皆在 11% 以下，降水日数较多的站点均分布于研究区域的西南和东南一带。CDD 和 CWD 在大香格里拉地区的中东部地区均存在高值中心，其中 CDD 有 75% 的站点呈增加趋势，呈减少趋势的站点多分布于北部地区，CWD 中有 76.8% 的站点呈下降趋势，是降水频次指数中呈减少趋势的站点最多的指数，两个指数通过显著性检验的站点低于 20%。总体而言，金沙江上游流域和北部雅砻江流域以及横断山区西部与南部降水增加明显，金沙江下游虽降水量高但持续性不强。而横断山区中西部地区持续干燥日数长，较其他地区干旱风险更大。

3.3 突变性及与大气环流指数的相关性分析

3.3.1 Pettitt 突变性分析

图 3.6 为大香格里拉地区各极端气温与降水指数序列 Pettitt 突变分析结果，可以看出，大香格里拉地区极端气温与降水指数突变年集中于 20 世纪 80 和 90 年代，且呈突变增加趋势。这与许多学者在西南地区研究结果一致，刘晓冉等（2008）对西南地区近 40 a 气温变化的时空特征进行分析，发现西南地区的平均气温在 20 世纪 80 年代后期开始呈现明显上升趋势，气温整体变化在近 40 a 存在 8 a 的周期；李金建等（2007）分析西南地区近 50 a 夏半年降水情况得出，云南和四川地区在 20 世纪 80 年代之前为减少趋势，之后则持续增加。而暖指数 SU、TNx、TR 和降水频次指数 CDD 与 CWD 的突变年份集中在 2003 年左右，且降水频次指数呈突变减少趋势，这也与向辽元等（2007）研究发现近 55 a 中国大陆地区降水突变区域特征时，发现西南地区降水在 2003 年出现减少突变一致。同时从图 3.6 可以看出，大部分指数通过了 0.05 的显著性检验，表明各极端气候指数的突变年份显著。总之，由于大香格里拉地区地势结构的复杂性和季风影响的多变性，大香格里拉地区各极端指数的突变趋势既与整个西南地区基本一致，还凸显自身区域特征。

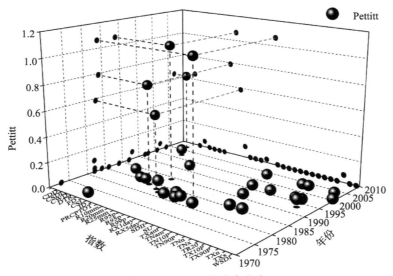

图 3.6 Pettitt 突变点分布

3.3.2 大香格里拉地区极端气候指数与大气环流指数的相关性分析

大气环流指数是形成或制约区域气候变化的重要因子，研究表明，大气环流对气候影响具有一定滞后性（范磊 等，2021）。进一步通过 Pearson 相关性分析方法，分析极端气候指数与大尺度环流指数滞后 0（当前年）、1、2 a 的相关性。分析结果表明（图 3.7），滞后 0

a 时，各极端气温和降水指数与南海夏季风（SCSSMI）的相关性最强，其与极端气温暖指数和极端降水指数呈负相关，与冷指数多呈正相关，TNam、TN90p、CSDI、TN10p、RX1day 和 R95p 均与 SCSSMI 的相关性通过 0.01 及以上的显著性检验，DTR、TR 和 SDII 也通过了 0.05 的显著性检验。南亚夏季风（SASMI）与南海夏季风（SCSSMI）同极端气候指数的相关情况基本一致，但与极端气温指数表现出更强相关性，且滞后 1 a 相关性更强。ENSO 与极端暖指数表现出一定正相关。极端降水指数与大气环流指数存在滞后 1 a 响应，由图 3.7 可知，滞后 0 a 时，极端降水指数除与 SCSSMI 呈显著的负相关外，与大多数大尺度环流指数相关性不显著；滞后 1 a 时，大多年极端气温与降水指数与 PDO、NAO 和 AO 呈显著的相关；滞后 2 a 时除与 SCSSMI 呈显著的相关外，与其余大尺度环流指数相关性不显著。总体来看极端气温与大尺度环流指数在滞后 0~1 a 存在显著相关性，而极端降水与大尺度环流指数在滞后 1 a 存在显著相关性。

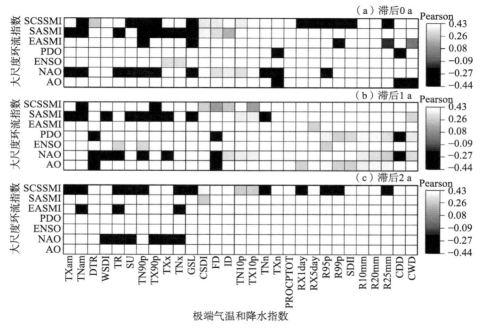

注：图中空格表示不显著（双尾）。

图 3.7　1961—2019 年大香格里拉地区极端气温和降水指数与大气环流指数的相关性

3.4　小　结

通过以上大香格里拉地区极端气候指数时空变化特征及其与大尺度环流指数的关系分析可以得到如下结论：

（1）近 59 a 来，大香格里拉地区气温日较差（DTR）逐渐减小，极端暖指数、大部分降水强度指数呈显著增加趋势，大多数冷指数和持续湿润日数（CWD）呈显著减小趋势；

季节变化上，极端气温指数整体呈秋冬季变暖幅度高于春夏季的特点；降水强度表现出夏秋季逐渐增大，冬季微弱减小的趋势。

（2）空间分布上大香格里拉地区以北气温日较差高于南部，区域极端高温发生频率增大并多发生于金沙江、澜沧江以及怒江的干旱河谷地带；北部雅砻江流域和金沙江上游降水持续性强，横断山区南部与西部地区降水强度大且持续性强。

（3）极端气温指数表现出不对称性变化，TNam 的变暖幅度大于 TXam 的变暖幅度，极端暖指数中昼指数变暖幅度显著大于夜指数，极端冷指数中夜指数的变暖幅度显著大于昼指数；SU、TN90p、TX90p、GSL、FD 和 TN10p 的快速暖化是大香格里拉地区近 59 a 来气候变暖的最直接体现；极端降水强度指数的变化幅度也明显大于极端降水频率指数。

（4）Pettitt 突变检验结果表明，研究区内各极端气候指数序列突变年份主要集中于 20 世纪 80、90 年代，且多为显著性突变，此外部分暖指数和降水频率指数突变年份位于 2003 年左右。

（5）极端气温指数与南亚夏季风（SASMI）与南海夏季风（SCSSMI）和 NAO 在滞后 0～1 a 上存在显著的相关性，而极端降水指数与大气环流指数 PDO、NAO、AO 存在滞后 1 a 响应。

3.5　讨　论

通过分析 1961—2019 年大香格里拉地区极端气候事件发现，极端暖指数呈现明显上升趋势，虽然在空间上极端气温指数有明显的南北差异，但极端冷指数中日最低气温极小值（TNn）和日最高气温极小值（TXn）在秋冬季呈现较大增幅。反映出研究区近 59 a 来"暖冬"事件发生的频率和强度有增多趋势，且大香格里拉地区南北地势差异与境内气温的分布有一定关联，这与云南省和贵州省的变化趋势一致（徐用兵 等，2020；黄维 等，2017）。同时，中国西南地区的平均温度和最高温度均表现为明显的上升趋势（Xue et al.，2020），这表明大香格里拉地区极端气温的变化幅度总体上与西南地区一致。

大香格里拉地区除持续湿润日数 CWD 外，其余极端降水强度指数与频次指数皆呈上升趋势。这与马伟东 等（2020）得出中国西南地区青藏高原东段（川西高原和横断山区）极端降水量（日数）均具有明显的上升趋势一致，而与陈星任 等（2020）发现西南地区持续极端降水事件总降水量减少，程清平 等（2018）发现云南的降水总量在减少，大于 10 mm 的降水量日数呈减少趋势不一致。这表明大香格里地区极端降水的变化表现出明显区域性特征。

从极端降水变化原因来看，热力学因素和动力学因素是驱动极端气候变化的主要因素（陈星任 等，2020），全球变暖增加了大气中的水汽含量，使得大部分地区的强降水事件增加（游庆龙 等，2009），可能是大香格里拉地区极端降水事件增加的原因。此外，大气环流的涛动和非地带因素（该地区位于典型的纵向岭谷区，局地山谷风环流的调节明显）的共同作用也是影响大香格里拉地区极端气候变化原因之一。相关研究表明，ENSO、PDO、AO 和 NAO 是整个中国及其不同地区气候平均值和极端值变化的主要驱动力（Feng et al.，

2016）。在大香格里拉地区，通过 Pearson 相关性分析方法发现 AO、PDO，NAO 以及夏季风指数与大香格里拉地区极端气温和降水指数呈现较强相关性，说明大香格里拉地区受环流因素影响的特征与全国基本一致。

　　本章揭示了极端气温和降水指数的变化，但也存在一些局限，例如克里金插值没有考虑地形因素。考虑到大香格里拉地区复杂的地形和北部稀少的台站，这些地区的温度和降水指数的插值结果可能在一定程度上不能反映实际的分布和变化趋势。且横断山脉是大香格里拉地区的主体部分，其高差悬殊、岭谷相间的复杂地形加剧了问题的复杂性。同时，研究区域受本身多变的青藏高原季风、南亚季风、东亚季风等环流系统影响，仅考虑自然系统的研究已非常困难。因此，开展大香格里拉地区极端气温与降水变化的研究、探讨其与大气环流的关联，仍需未来进一步研究。

第 4 章
大香格里拉地区日照时数时空变化特征

太阳辐射是地球上所有生物生命动力的主要来源，对农、林、渔、牧等产业有着举足轻重的影响（付建新 等，2018），也是现代人类大规模开发、利用的无污染的可再生资源（霍华丽 等，2011）。日照时数是反映太阳辐射时间长短的气候指标，是太阳辐射最直观的表现，是气候变化重要的要素之一（张运林 等，2003）。

国内外诸多学者对全球不同区域的日照时数时空特征进行了研究。如 He 等（2018）基于日照时数对全球变暗和变亮进行研究发现，1950—1980 年，中国、欧洲、美国日照时数均呈减少趋势，20 世纪 80 年代后中国和欧洲日照时数仍呈减少趋势，这与全球变亮相反，而欧洲结果不能完全代表欧洲大陆的实际趋势；Sanchez-Lorenzo 等（2009）对伊比利亚半岛日照时数和云量趋势及与大气环流的相关性研究发现总云量和日照时数与春、夏、秋 3 季的区域大气环流具有显著相关；Bartoszek 等（2021）研究了波兰 1971—2018 年日照时数变化，发现其日照时数与变亮相对应；Founda 等（2014）分析了地中海大城区（雅典）1897—2011 年日照时数变化，发现其与云量呈很强的负相关；任国玉 等（2005）分析了 1951—2002 年中国地面气候变化特征，发现日照时数呈显著下降趋势；徐宗学等（2005）分析了 1958—2001 年黄河流域日照时数的变化趋势，结果表明，黄河流域年和部分月份均存在一定的下降趋势；付建新等（2018）研究了祁连山区日照时数的时空变化特征，揭示了日照时数呈下降趋势，空间分布呈东南少西北多的特征，进一步揭示了其他气象要素与日照时数的关系；张运林等（2003）分析了太湖无锡地区 1961—2000 年日照时数的变化特征，阐述了日照时数呈减少趋势，且与总云量、低云量呈负相关；范晓辉等（2010）揭示了山西省 1959—2008 年的日照时数时空变化特征，结果表明，山西省年平均日照时数呈显著下降趋势，空间上盆地地区日照时数减少最明显；霍华丽等（2011）研究了宁夏 1959—2008 年的日照时数时空变化特征，揭示了宁夏日照时数呈减少趋势，空间上日照时数差异明显，表现为自北向南呈增加趋势。Liao 等（2015）研究了中国华南地区长期大气能见度、日照时数、降水趋势，表明气溶胶浓度对于日照时数的影响呈负相关；邓雪娇等（2011）研究了珠江三角洲大气气溶胶对地面臭氧变化的影响，阐述了气溶胶粒子对于日照时数的影响。符传博等（2013）研究了 1960—2005 年西南地区晴天日照时数变化特征及其原因，表明西南地区晴天日照时数呈下降趋势，空间上中部山区日照时数较高，同时认为日照时数与同期西南地区 GDP 存在一定关联；李矜霄等（2014）分析了楚雄市 1961—2010 年日照时数变化特征及其成因，结果表明楚雄市日照时数年代际变化呈减少趋势，与云量、雾日、年降水量呈负相关。上述研究表明，自 20 世纪 50 年代起，我国日照时数呈较为明显的下降趋势，其中影响日照时数变化的主要因素为大气气溶胶、云量和降水。

大香格里拉地区植被种类丰富、物种多样，日照时数的变化会对其造成不可逆的影响，进而影响其生态环境。研究大香格里拉地区日照时数的时空变化特征，对当地生态建设、环境和生物多样性的保护有着极其重要的参考价值。当前针对于大香格里拉地区日照时数的研究较少，本章基于大香格里拉地区 41 个气象站点 1980—2019 年逐日日照时数和月大气环流指数，分析大香格里拉地区日照时数时空变化趋势及与大气环流指数的相干性，以期为大香格里拉地区旅游开发及可持续发展提供科学理论参考。

4.1　日照时数时间变化

4.1.1　日照时数年变化

图 4.1 表明了 1980—2019 年大香格里拉地区日照时数的历年变化特征。整体上大香格里拉地区日照时数呈不显著的下降趋势，气候变化率为 $-1.172\ \mathrm{h\cdot a^{-1}}$，其中日照时数最大值为 1981 年的 2318.57 h，最小值为 1993 年的 2017.11 h。根据 5 a 滑动平均结果显示，总体趋势大致可分为 3 个阶段，1980—1993 年，呈大幅度下降，气候倾向率高达 $-19.6\cdot\mathrm{a^{-1}}$，且通过 0.05 显著性检验（$P\leqslant 0.05$）。1994—2011 年呈上升趋势，气候变化率为 $2.19\ \mathrm{h\cdot a^{-1}}$，但未通过 0.05 显著性检验。2012—2019 年呈显著下降趋势（$P\leqslant 0.05$），气候变化率为 $-28.3\ \mathrm{h\cdot a^{-1}}$。

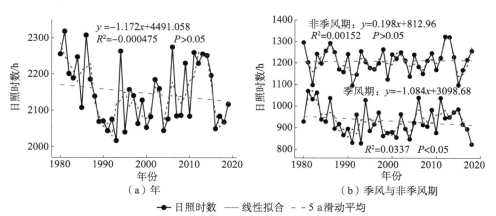

图 4.1　1980—2019 年大香格里拉地区（a）年、（b）季风期及非季风期日照时数变化趋势

4.1.2　日照时数季风期、非季风期变化

按如图 4.1b 所示，季风期与非季风期日照时数变化相反，季风期呈下降趋势，气候倾向率为 $-1.084\ \mathrm{h\cdot a^{-1}}$，非季风期上升幅度不明显，气候倾向率为 $0.198\ \mathrm{h\cdot a^{-1}}$（$R^2$ 为 0.002），二者变化均不显著。根据 5 a 滑动平均，季风期与非季风期变化大致可分为 3 个阶段。1980—1991 年，二者均呈下降趋势，其中季风期通过 0.05 显著性水平检验（$P\leqslant$

0.05），呈显著下降趋势，气候变化率分别为 -15.92 h·a^{-1} 及 -0.56 h·a^{-1}，季风期日照时数在 1981 年达到最大值，为 1070.48 h，非季风期在 1991 年日照时数达到最小值，为824.36 h。1992—2012 年，二者均呈小幅度上升，气候变化率分别为 2.18 h·a^{-1} 和 1.92 h·a^{-1}，其中非季风期在 2012 年达到最大值为 1923.48 h。2012—2018 年，日照时数呈不显著下降趋势，气候变化率为 -18.86 h·a^{-1} 及 -16.97 h·a^{-1}，其中季风期在 2018 年出现最小值，为 824.36 h。

4.1.3 日照时数季节变化

如图 4.2 所示，大香格里拉地区近 40 a 以来，四季日照时数除秋季外均呈下降趋势，其中夏季减少速率最大，冬季减少速率最小。气候变化率分别为 -0.274 h·a^{-1}、-0.791 h·a^{-1}、0.078 h·a^{-1} 和 -0.078 h·a^{-1}。四季日照时数最高为春季，其次为冬季、秋季，最少为夏季，这与中国日照时数时间分布夏多冬少的特征（肖风劲 等，2020）相反。四季最大日照时数分别为 693.96 h、529.7 h、583.11 h 和 667.11 h，最小日照时数分别为 539.21 h、311.01 h、404.61 h 和 518.38 h。

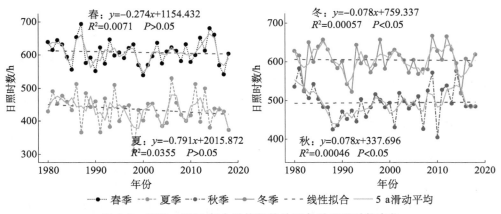

图 4.2　1980—2019 年大香格里拉地区各季日照时数变化

5 a 滑动平均结果表明，除夏季呈持续下降趋势外（气候变化率为 -0.792 h·a^{-1}），春、秋、冬季变化幅度大致可分为两个阶段。春季在 1980—2000 年呈下降趋势，气候变化率为 -2.21 h·a^{-1}；2001—2018 年有小幅度上升，气候变化率为 0.61 h·a^{-1}，但均未通过0.05 显著性水平检验。冬季在 1980—1993 年出现大幅度下降，气候变化率为 -8.96 h·a^{-1}；1994—2018 年呈上升趋势，气候变化率为 3.64 h·a^{-1}，且均通过 0.05 显著性水平检验（$P \leqslant 0.05$）。秋季在 1980—1988 年呈显著下降趋势（$P \leqslant 0.05$），气候变化率为 -13.9 h·a^{-1}；1989—2018 年呈上升趋势，气候变化率为 1.55 h·a^{-1}，但未通过 0.05 显著性检验。

4.1.4 日照时数月变化

大香格里拉地区日照时数在月尺度上变化波动较为剧烈，同时月尺度表现出较大差异，变化范围在 133.27～209.73 h（图 4.3）。3 月日照时数最多，此时为大香格里拉地区旱季，干旱少雨，万里无云，多晴天，因此日照时数最多。6—10 月日照时数明显减少，由于正值大香格里拉地区雨季，云量增多，增强了对太阳光线的反射和吸收，大幅减少太阳辐射穿透率，日照时数随之减少（付建新 等，2018），而 9 月平均日照时数最小。如图 4.4 所示，日照时数月尺度主要呈下降趋势，但均未通过 0.05 显著性检验，其中 7 月下降趋势最大，为 0.523 h·a^{-1}。

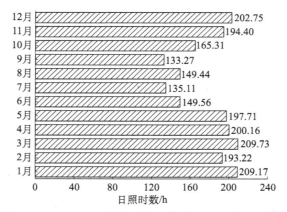

图 4.3　1980—2019 年大香格里拉地区月平均日照时数

　　整体来看，大香格里拉地区年、季、月日照时数变化趋势大致一致，均在 20 世纪 90 年代前呈下降趋势，且年、季尺度中，除年、非季风期、春季和夏季外，均通过 0.05 显著性水平检验，随后呈上升趋势，这与西南地区及全国日照时数变化趋势一致（肖风劲 等，2020；杨小梅 等，2012），但在 2010 年以后再次减少。

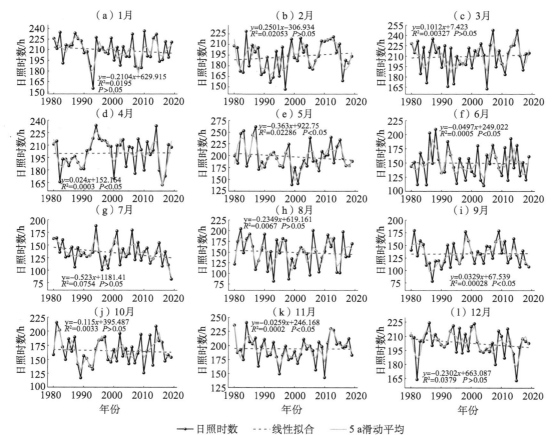

图 4.4　1980—2019 年大香格里拉地区各月日照时数变化

4.2　日照时数空间变化

从空间变化来看（图4.5a），大香格里拉地区年平均日照时数呈"东多西少"的分布特特，且极差极大，高达1428.96 h，其中最大值位于云南大理宾川站，为2638.43 h，最小值位于云南怒江贡山站，为1209.47 h。整体上看，年平均日照时数主要呈下降趋势，通过显著性检验（$P \leqslant 0.05$）的站点占总站点的19.5%，其中17.1%的站点通过极显著性检验（$P \leqslant 0.01$），分布较为分散。而显著上升的仅有29.3%的站点，其中仅有两个站点通过显著性检验（$P \leqslant 0.05$）。

春季（图4.5b）是大香格里拉地区日照时数最多的季节，但空间差异明显，总体呈现"东南多，西北少"的格局。日照时数最大值位于云南丽江华坪站，为773.1 h，最小值位于云南怒江贡山站，为265.64 h。在大香格里拉地区所有站点中，有53.7%的站点日照时数减少，通过显著性检验（$P \leqslant 0.05$）的站点占总站点的12.2%，其中西藏林芝站和四川甘孜色达站通过极显著性检验（$P \leqslant 0.01$）。此外，有39%的站点日照时数增加，有3个站点通过显著性检验（$P \leqslant 0.05$），其中四川凉山德昌站和云南怒江福贡站通过极显著性检验（$P \leqslant 0.01$）。

夏季（图4.5c），是大香格里拉地区日照时数最少的季节，呈"北高南低"分布特点，最大值出现在西藏昌都站，为592.56 h，最小值出现在云南怒江福贡站，为263.79 h。在区域所有站点中，有73.2%的站点日照时数减少，通过显著性检验（$P \leqslant 0.05$）的站点占总站点的17.1%，主要分布在大香格里拉地区东南部，其中12.2%的站点通过极显著性检验（$P \leqslant 0.01$）。此外有24.4%的站点日照时数增加，但均未通过显著性检验。

秋季（图4.5d），大香格里拉地区日照时数空间分布呈"由中间向四周辐射递减"的特征，最大值在稻城站，为631.95 h，最小值在泸定站，为266.69 h。在区域所有站点中，有51.2%的站点日照时数呈下降趋势，通过显著性检验（$P \leqslant 0.05$）的站点占总站点的12.2%，其中通过极显著性检验（$P \leqslant 0.01$）的站点占总站点的9.6%。此外有48.8%的站点呈上升趋势，占总站点9.8%的站点通过显著性检验（$P \leqslant 0.05$），其中，4.9%的站点通过极显著性检验（$P \leqslant 0.01$）。

冬季（图4.5e），大香格里拉地区日照时数仅次于春季，其空间分布也与春季相似，呈"东南多，西北少"的特征。最大值在稻城站，为772.7 h，最小值在泸定站，为321.33 h。在区域所有站点中，有63.4%的站点日照时数呈下降趋势，通过显著性检验（$P \leqslant 0.05$）的站点仅占总站点的9.8%。其中四川甘孜的德格站和色达站通过极显著性检验（$P \leqslant 0.01$）。其余有34.2%的站点呈上升趋势，通过显著性检验（$P \leqslant 0.05$）的站点占总站点的12.2%。其中四川攀枝花盐边站和甘孜泸定站通过极显著性检验（$P \leqslant 0.01$）。

季风期与非季风期（图4.5f和g），大香格里拉地区日照时数空间分布格局截然相反，季风期为"东北高，西南低"，非季风期为"东南高，西北低"。日照时数最大值分别出现在西藏昌都站（1211.92 h）和四川凉山盐源站（1519.95 h），最小值均出现在云南怒江贡山站，分别为560.48 h及651.56 h。

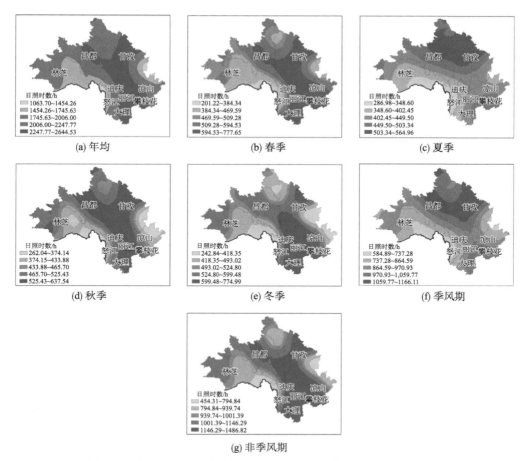

图 4.5　1980—2019 年大香格里拉地区年、各季日照时数空间变化

从所有站点来看，非季风期有 65.9% 的站点日照时数减少，其中，19.5% 的站点通过显著性检验（$P \leqslant 0.05$），其中占总站点 12.2% 的站点通过极显著性检验（$P \leqslant 0.01$）。另外，有 31.7% 的站点日照时数增加，但仅四川凉山德昌站通过显著性检验（$P \leqslant 0.05$）。非季风期有 43.9% 的站点呈下降趋势，占总站点 9.8% 的站点通过显著性检验，其中占总站点 4.9% 的站点通过极显著性检验（$P \leqslant 0.01$），此外，有 53.7% 的站点呈上升趋势，其中占总站点 12.2% 的站点通过极显著性检验（$P \leqslant 0.01$）。

整体上看，大香格里拉地区日照时数空间分布主要呈"东多西少"的格局。日照时数较多的地区主要集中于云南、四川交界一带，日照时数最少的地区主要在西藏林芝东南部和云南怒江绝大部分地区，其中日照时数最小值多出现在怒江一带。

4.3　EEMD 周期提取

基于 EEMD 提取大香格里拉地区日照时数变化的时间序列分解结果如图 4.6 所示，日照时数变化的时间序列可分解为 7 个 IMF 分量及 1 个趋势项（Residual，RES），其中 RES 代表日照时数序列中周期长于序列长度的部分，表示日照时数随时间变化的总趋势。表 4.1 为日照时数变化所对应的时间序列中 IMF 分量及趋势项的周期、方差贡献率及相关系数，相关系数表示日照时数变化各分量显著性水平检验结果，方差贡献率则为 IMF 分量及 RES 对原序列的影响程度（刘晓琼 等，2020）。

1980—2019 年，不同时间尺度的周期振荡变化存在不均匀性。IMF1、IMF2 在年内尺度上分别存在 0.26 a 和 0.80 a 的周期波动，其中 IMF2 方差贡献率和相关系数最大，分别达 45% 和 0.76，因此大香格里拉地区主要以 0.8 a 内高频涛动为主。IMF3、IMF4 和 IMF5 为年际涛动，IMF6、IMF7 为年代际涛动，随着时间尺度的变化，振幅依次减弱，频率下降，对应周期相对增加但总体来看，变化趋势不显著。据 RES 趋势分量显示，1980—2000 年呈明显下降趋势，2000 年以后开始有微弱的回升。但总体上，仍以下降趋势为主。

表 4.1　大香格里拉地区日照时数 IMF 分量及趋势项周期、方差贡献率及相关系数

	IMF1	IMF2	IMF3	IMF4	IMF5	IMF6	IMF7	RES
周期/a	0.26	0.80	1.18	2.67	4.71	13.33	26.67	—
方差贡献率/%	31.03	45.20	19.23	1.80	1.14	0.75	0.85	1
相关系数	0.56	0.76	0.60	0.13	0.09	0.10	0.07	0.09

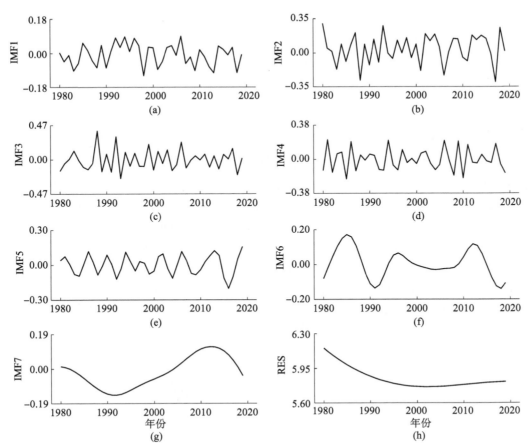

图 4.6　基于 EEMD 的大香格里拉地区 1980—2019 年月均日照时数趋势分解

4.4　年日照时数与大气环流指数的小波变换相干分析

本节采用小波相干分析，进一步揭示大气环流指数与日照时数的相干性。日照时数与北大西洋年代际振荡（Atlantic Multidecdal Oscillation，AMO）的小波变换相干图如图 4.7a 所示，向左的黑色箭头表明日照时数与 AMO 序列具有相反的相位，且存在较显著的负相关，具体表现在 1986—1991 年和 1995—2019 年，存在 8 个月到 16 个月（准一年）的振荡周期。在 1987—1998 年，存在 32 个月（准两年）到 64 个月（准五年）的正相干振荡周期。图 4.7b 为日照时数与 AO 小波相干图，1984—1988 年呈现较为明显的正相干，1995—1998 年存在日照时数提前于大气环流指数的相干，振荡周期为 8～16 个月（准一年）。2007—2010 年分别呈较为明显的负相干，具有 8～16 个月（准一年）的振荡周期。日照时数和多元 EN-SO 指数（Multivariate ENSO Index）（图 4.7c），具体表现在 2008—2012 年，周期为 16～32 个月（准两年）。日照时数与 NAO（图 4.7d）在 1997—2004 年存 8～16 个月（准一年）的显著正相干振荡周期。日照时数与太平洋年代际振荡（Pacific Decadal Oscillation，PDO）（图 4.7e）在 1997—2000 年存在 4～8 个月显著负相干振荡周期。图 4.7f 表明日照时数和太

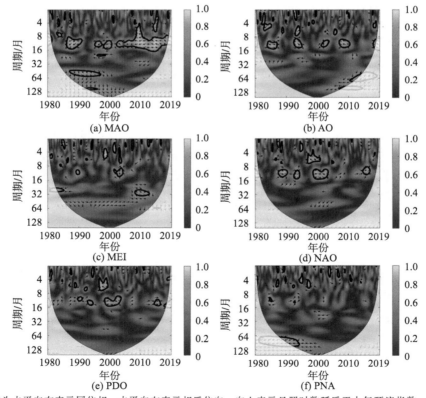

(a) MAO　　　　(b) AO

(c) MEI　　　　(d) NAO

(e) PDO　　　　(f) PNA

注：箭头水平向右表示同位相，水平向左表示相反位向，向上表示日照时数延后于大气环流指数，向下表示日照时数提前于大气环流指数；封闭实践区域表示通过江噪声检测，通过 0.05 的显著性检验，锥型虚线为小波影响锥，受小波边缘效应的影响，不考虑小波影响锥内区域（阴影部分），后面章节小波图一致。

图 4.7　1980—2019 年大香格里拉地区日照时数与大气环流指数的小波变换相干分析

平洋－北美型（Pacific-North America，PNA）在 1988—1994 年出现 64 ~ 128 个月（准 10 a）的负相干涛动。

4.5　小　结

（1）1980—2019 年，不同时间尺度下，大香格里拉地区日照时数主要呈下降趋势，且多在 20 世纪 90 年代前呈下降趋势，随后呈上升趋势，而 2010 年以后出现不同程度的下降。

（2）大香格里拉地区日照时数空间分布主要呈"东多西少"的空间分布格局，其中日照时数较多的地区主要位于大香格里拉地区东南部、云南和四川交界带，日照时数较少的地区主要位于林芝市东南部和怒江州绝大部分地区，其中不同时间尺度下日照时数最少的站点多位于怒江州。

（3）基于 EEMD 方法的 RES 表明近 40 a 大香格里拉地区日照时数主要以下降趋势为主，且该地区在周期上主要以高频年内涛动为主。

（4）进一步利用小波变换相干揭示日照时数和大气环流指数的相干性，结果表明 AMO 与日照时数的相干性较明显，二者在 1995—2019 年存在大约 8 ~ 16 个月（准一年）的负相干共振周期，而与 MEI 和 PNA 相干性较弱。

4.6　讨　论

通过分析大香格里拉地区近 40 a 日照时数变化发现，不同时间尺度下，日照时数整体呈下降趋势，从年尺度上来看，大香格里拉地区日照时数在 20 世纪 80 年代出现大幅度减少，与全球变暗时期相对应（He et al.，2018）；从季尺度上看，大香格里拉地区日照时数呈春冬多，夏季最少的特征，这与中国日照时数季尺度所呈现的夏多冬少的特征截然相反（肖风劲 等，2020），表明大香格里拉地区有着较明显的地域差异。月尺度上，大香格里拉地区受季风影响，干湿季明显，由于 3 月进入惊蛰、春分季节，暖空气活跃，光照增强，因此日照时数达一年中最大值。6—10 月，大香格里拉地区湿润多雨，根据以往研究，云量、降水及湿度变化对于日照时数有一定程度的影响，因为云量和空气中的水汽通过一系列吸收、反射作用，能够削弱大部分太阳辐射（杨小梅 等，2012），因此 6—10 月日照时数较少，且呈递减趋势，在 9 月出现日照时数全年最小值，这与西北地区月尺度特征相反（陈少勇 等，2010）。通过 EEMD 将不同时间序列分解为 7 个分量（IMF）和一个趋势项（RES），分析表明该地区日照时数为下降趋势主导，其中 IMF2 方差贡献率及相关系数最大，因此该地区主要以年内高频涛动为主。从空间尺度上来看，大香格里拉地区日照时数呈东南向西北递减的特征，其中日照时数最小值多出现在怒江州地区，这与云南省日照空间分布特征较一致（王宇 等，2014）。通过小波变换相干分析发现，该地区日照时数与环流指数主要表现为 8 ~ 16 个月（准一年）的振荡周期，其中与 AMO 相干最大，与 MEI 和 PNA 相干较弱。

　　大香格里拉地区位于川滇藏 3 省（区）交界处，气候复杂多样，生态环境良好，植被覆盖密度高，太阳能资源丰富，植物光合作用拥有较大潜力（张山清 等，2013）。研究大香格里拉地区日照时数的时空变化特征对于该地区的生态环境及农林牧渔、旅游业等发展有着举足轻重的作用。另外，目前诸多研究将日照时数的变化与气溶胶粒子、云量等气象要素一同分析，以求更具体深入地分析日照时数变化的原因，因此有关大香格里拉地区日照时数的时空变化特征及影响因素的研究还有待深入研究。

第5章
大香格里拉地区风速时空变化特征

近地面风速变化对人类生产生活的许多方面产生重要影响，如地表能量平衡、风能资源、污染物分散和水文循环等（Ge et al.，2021）。自 20 世纪 70 年代以来，地表风速在中国和世界许多国家都表现出持续下降的趋势，这被称为全球陆地静止（Li et al.，2018b）。风速降低给世界大多数地区风能资源的开发利用带来了极大挑战，因此受到国内外社会各界的广泛关注（范帅邦，2021）。国外研究方面，如 Robert 等（2010）分析过去 30 a 间北半球中纬度地区风速变化时发现，大多数地区风速降低了 5%～15%。欧洲西班牙和葡萄牙地区年均风速自 20 世纪 60 年代起以 −0.16（m·s⁻¹）·a⁻¹ 的速率显著降低（Azorin-Molina et al.，2014），美洲加拿大西海岸和美国地区近 40 a 冬季与年均风速皆表现为减弱趋势（Tuller，2004；Miao et al.，2020）。Jung 等（2020）发现，1989—2018 年全球最大的风力资源集中在春季，而夏季全球风力资源减少了 2%。在中国，Zhang 等（2020）通过全球大气再分析数据得出，我国 1960—2017 年地面风速的减弱趋势约为 −0.8（m·s⁻¹）·a⁻¹，且主要由于强风减弱造成。Lin 等（2013）利用 472 个气象站的风速观测资料发现，我国北部与青藏高原为地表风速降幅最大的区域，而四川盆地和长江中下游通常是地表风速下降最小的区域（Guo et al.，2011；李悦佳 等，2018）。此外，河西地区、云贵高原、秦岭淮河等地区近年来风速也呈现显著降低趋势（蒋冲 等，2013；张克新 等，2014；张志斌 等，2014）。以上研究中，全球变暖背景下的大气环流减弱被认为是导致风速下降的主要因素。

大香格里拉地区地处我国一二级阶梯交界处，连接云贵高原、青藏高原、横断山区三大地形单元。已有研究表明，高海拔地区的风速变化对增温梯度和环流调整具有更为迅捷的响应（McVicar et al.，2010），因此，探讨大香格里拉地区风速的时空变化特征及其影响因素，对气候变化研究显得十分重要。目前对于大香格里拉及其周边地形区的气候研究多从气温和降水角度考虑，少有讨论其风速的变化趋势，由此，本研究选取 44 个气象站日风速观测数据为基础数据，采用多种统计方法分析风速时空变化、周期特征及对大尺度环流的响应，从而为更系统地认识大香格里拉地区风速变化提供科学参考依据。

5.1 平均风速时间变化特征

5.1.1 年、月平均风速变化特征

1980—2019 年大香格里拉地区年平均风速年际变化相对较小（图 5.1a），多年平均风速

为 1.89 m·s^{-1}，最小值出现在 2013 年，为 1.61 m·s^{-1}，而最高值出现在 1984 年，为 2.20 m·s^{-1}，整体以 -0.010（m·s^{-1}）·a^{-1} 的速率呈显著下降趋势（$P < 0.05$）。年均最大风速 4.58 m·s^{-1}，出现在祥云站，最小风速为 0.39 m·s^{-1}，出现在云南福贡站。大香格里拉地区年平均风速在不同时间尺度上呈现明显差异性（表 5.1），1980—2000 年平均风速显著下降，下降幅度为 -0.022（m·s^{-1}）·a^{-1}，超过 40 a 间平均下降幅度；2001—2009 年，年平均风速有小幅上升趋势，上升幅度为 0.009（m·s^{-1}）·a^{-1}，这与王楠等（2019）在分析中国地面风速的长期变化趋势时发现，1969—1990 年平均风速以 -0.025（m·s^{-1}）·a^{-1} 的速率显著降低，而 1991—2005 年以 0.006（m·s^{-1}）·a^{-1} 的速率缓慢上升比较吻合；而在 2010—2019 年，年平均风速年际变化呈现显著增加趋势，但整体风速仍低于 40 a 来的均值，为 0.027（m·s^{-1}）·a^{-1}。在月尺度上，大香格里拉地区风速呈现"单峰型"变化特点，在不同月份表现出较大的差异性，变化幅度在 1.41 ~ 2.58 m·s^{-1}（图 5.1b）。3 月份平均风速为全年最高时期，这可能是由于春雪消融后地表裸露使得风沙灾害频发所导致。3 月之后随着植被逐渐生长，平均风速逐渐转为降低态势，8 月份到达全年平均风速最低值，推测此时由于大香格里拉地区正处雨季，植被生长至茂盛时期，固土和抗风能力较强，因此 8 月风速达到全年中的最小值。

表 5.1　1980—2019 年大香格里拉地区风速变化率（单位：（m·s^{-1}）·a^{-1}）

时段	年	春	夏	秋	冬	季风期	非季风期
1980—2000 年	-0.022	-0.0251	-0.0215	-0.017	-0.022	-0.0213	-0.0219
2001—2009 年	0.009	-0.0119	0.0176	0.0147	0.0126	0.0181	0.0044
2010—2019 年	0.027	0.0156	0.0214	0.0373	0.0252	0.0246	0.0279
1980—2019 年	-0.0104	-0.0196	-0.0089	-0.0065	-0.0099	-0.0094	-0.0127

注：所有变化率皆通过了 0.05 的显著性检验。

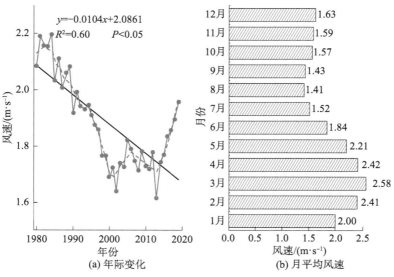

图 5.1　1980—2019 年大香格里拉地区平均风速的年际变化（a）及月平均风速分布（b）

5.1.2 季节平均风速变化特征

大香格里拉地区四季平均风速变化趋势如图5.2所示，四季平均风速均呈显著且一致的减少趋势，减少幅度最大季节为春季，达 -0.0196（m·s^{-1}）·a^{-1}，最小为秋季 -0.0065（m·s^{-1}）·a^{-1}。季节平均风速春季最高，为2.43 m·s^{-1}，其余依次为冬季1.99 m·s^{-1}、夏季1.60 m·s^{-1} 和秋季1.54 m·s^{-1}，四季年均最大风速均出现在20世纪80年代。春夏秋冬四季的最小风速分别为0.28、0.18、0.17、0.23 m·s^{-1}，最大风速依次为6.12、4.16、4.16、6.07 m·s^{-1}。季风期和非季风期年均、最大和最小风速分别为1.66、3.9、0.25 m·s^{-1} 和2.09、5.35、0.31 m·s^{-1}。季风期和非季风期风速变化趋势与年序列相似，年际变化率依次为 -0.0094（m·s^{-1}）·a^{-1} 和 -0.0127（m·s^{-1}）·a^{-1}。分时段分析，春、夏、秋、冬、季风期和非季风期，1980—2000年风速下降，年际变化率分别为 -0.025、-0.021、-0.017、-0.022、-0.021（m·s^{-1}）·a^{-1} 和 -0.030（m·s^{-1}）·a^{-1}，均高于整个研究时段的降低幅度，春季降幅最大，秋季降幅最小。2001—2009年风速变化除春季呈 -0.012（m·s^{-1}）·a^{-1} 趋势下降外，其余时期转降为升，变化率分别为0.18、0.15、0.13、0.18、0.004（m·s^{-1}）·a^{-1}。2001—2009年所有时段皆呈现明显的上升趋势，其中非季风期整体上升趋势最大为0.028（m·s^{-1}）·a^{-1}，夏季上升趋势最低仅0.016（m·s^{-1}）·a^{-1}，均通过了0.05显著性检验。季节风速降低幅度明显高于全国及华北平原地区，但低于东北及华南地区（Lin et al.，2013）。

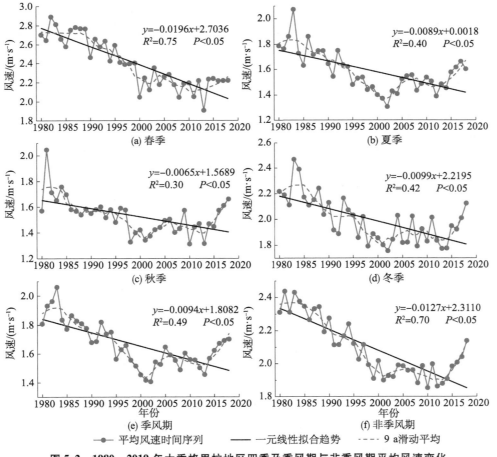

图5.2　1980—2019年大香格里拉地区四季及季风期与非季风期平均风速变化

5.2　平均风速空间变化特征

1980—2019 年大香格里拉地区平均风速及气候变化率空间分布如图 5.3。由图可知，年平均风速呈现由东南向西北递减分布的空间格局。风速最大的地区在位于滇西北的丽江市，达到 3.6 m·s⁻¹ 以上，其次为大理州以及甘孜州南部，风速最小的地区在昌都市北部和甘孜州北部，低至 1.00 m·s⁻¹ 以下。从气候变化率来看，年平均风速较大的地区其风速下降速率相对快于风速较小的地区。80% 的站点平均风速呈显著下降趋势。风速下降最快的站点位于迪庆州的德钦站，气候变化率为 −0.051（m·s⁻¹）·a⁻¹（$P<0.05$）；上升最快的站点位于凉山州的金阳站，气候变化率为 0.014（m·s⁻¹）·a⁻¹。

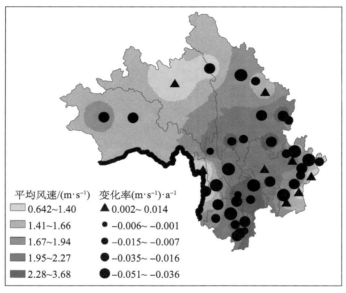

平均风速/(m·s⁻¹)　变化率(m·s⁻¹)·a⁻¹
- 0.642~1.40　▲ 0.002~ 0.014
- 1.41~1.66　● −0.006~ −0.001
- 1.67~1.94　● −0.015~ −0.007
- 1.95~2.27　● −0.035~ −0.016
- 2.28~3.68　● −0.051~ −0.036

图 5.3　1980—2019 年大香格里拉地区年平均风速空间分布

各季节平均风速空间分布和全年平均风速空间分布类似，均表现为由东南向西北递减分布的空间格局（图 5.4），但其变化趋势存在明显的空间差异。春、夏、秋 3 季下降最快的站点和上升最快的站点皆为德钦站和金阳站，气候变化率分别为 −0.067、−0.056、−0.042（m·s⁻¹）·a⁻¹ 和 0.011、0.021、0.015（m·s⁻¹）·a⁻¹，3 季平均风速呈显著下降的站点依次占 90%、77% 以及 72%。冬季略有区别，77% 的站点平均风速显著下降，下降最快的站点位于大理州祥云站，气候变化率为 −0.056（m·s⁻¹）·a⁻¹（$P<0.05$），上升最快的站点位于甘孜州道孚站，气候变化率 0.012（m·s⁻¹）·a⁻¹（$P<0.05$）。季风期显著降低的站点较少，非季风期有 80% 的站点风速降低，显著降低台站占 65%，主要位于丽江市、甘孜州。总体而言，风能资源较丰富的台站主要位于高原和平坝区，包括甘孜州大部分、迪庆州北部地区和大理州、丽江地区等平坝区。风速增幅较大台站多位于滇西高原和横断山区，降幅较大台站多位于川西高原。

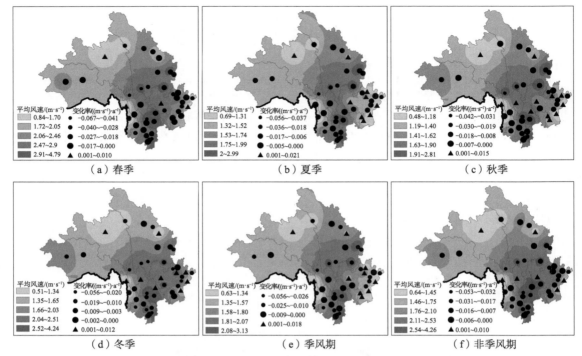

图 5.4　1980—2019 年大香格里拉季节及季风期与非季风期风速变化幅度空间分布

5.3　EEMD 周期提取

计算大香格里拉地区 1980—2019 年逐月区域风速作为 EEMD 的输入数据，对其进行 EEMD 分解，得到 7 个 IMF 分量（IMF1～7）和 1 个趋势项（RES），其中 RES 代表年均温度序列中周期长于序列长度的部分，它表征了序列随时间变化的总趋势，表 5.2 为风速所对应时间序列中 IMF、RES 的周期、方差贡献率及相关系数，表中相关系数为各分量显著性检验结果，方差贡献率表征 IMF 分量及 RES 对原序列的影响程度。

借助 EEMD 实现的大香格里拉地区月均风速 IMF 分量（图 5.5）及其相关系数和方差贡献率变化（表 5.2）可见，在同一时间段内，不同时间尺度的准周期振荡随时间也呈现出或强或弱的非均匀变化，其中 IMF1 分量在年际尺度上存在 0.30 a 的显著波动周期。IMF2 方差贡献率最大，达 78.7%，并具有通过 0.01 显著性检验的 1.01 a 波动周期。其余 IMF 分量随着阶数的增加，振幅依次减弱，频率也依次减小，对应的波动周期逐渐变大，其中 IMF1、IMF3、IMF6 和 IMF7 波动周期皆通过了 0.05 的显著性检验，IMF6 存在与太阳黑子活动单周期相同的准 11 a 变化周期。趋势项 RES 在 1980—2019 年呈现出先下降后略微上升的趋势，说明在该时间段内大香格里拉地区风速总体呈下降趋势。

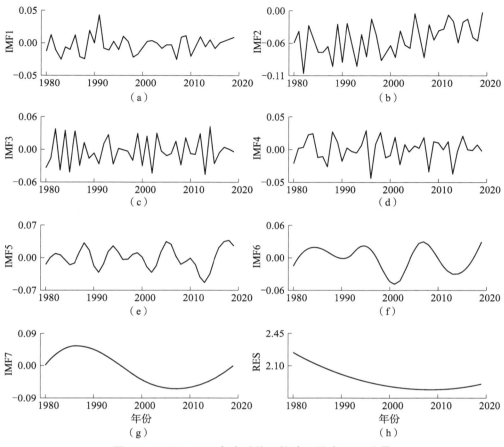

图 5.5　1980—2019 年大香格里拉地区风速 IMF 分量

表 5.2　大香格里拉地区风速 IMF 分量、趋势项周期、方差贡献率及相关系数

	IMF1	IMF2	IMF3	IMF4	IMF5	IMF6	IMF7	RES
周期/a	0.30	1.01	1.36	2.67	6.15	11.43	26.67	—
方差贡献率/%	9.01	78.70	10.42	0.26	0.30	0.28	1.03	7.82
相关系数	0.35**	0.89**	0.52**	0.09	0.08	0.21*	0.30**	0.34**

注：*、** 分别表示通过 0.05、0.01 的显著性检验。

5.4　年平均风速与大气环流指数的小波变换相干分析

本节进一步计算年平均风速与大气环流指数的小波相干。由图 5.6a 可知，风速与 AMO 在 1986—2019 年具有 8 ~ 16 个月的高频间断共振周期，1986—1993 年表现为年平均风速提前于大气环流指数，2001—2019 年表现为年平均风速与大气环流指数存在显著的负相干，进一步来看，1992—2019 年存在年平均风速提前于大气环流指数的相干性。年平均风速与

AO 相干性不如 AMO 明显，主要在 16 ~ 32 个月尺度上在 2010—2019 年存在显著的正相干性（图 5.6b）。年平均风速与 MEI 主要在 1996—2017 年存在 32 ~ 64 个月在显著的正相干性（图 5.6c）。年平均风速与 NAO 相干性主要在 8 ~ 16 个月尺度上存在间断的共振周期，其中 1988—2002 年存在正相干性，2010—2016 年年平均风速与大气环流指数存在滞后相干性（图 5.6d）。年平均风速也与 PDO 在 8 ~ 16 个月尺度上存在间断的共振周期，主要表现为年平均风速与大气环流指数存在滞后的负相干性，而在 2006—2015 年表现为年平均风速与大气环流指数存在显著的滞后相干性（图 5.6e）。年平均风速与 PNA 在 2006—2015 年在 16 ~ 32 个月尺度上存在滞后相干性，而 2002—2011 年，在 32 ~ 64 个月尺度上存在超前相干性（5.6f）。

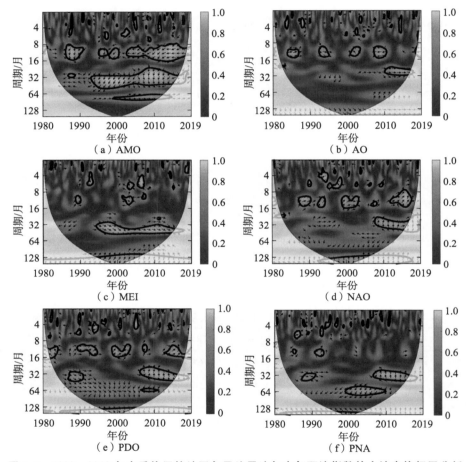

图 5.6 1980—2019 年大香格里拉地区年平均风速与大气环流指数的小波变换相干分析

5.5 小 结

（1）1980—2019 年年平均风速以 $-0.010 （\text{m} \cdot \text{s}^{-1}） \cdot \text{a}^{-1}$ 的速率显著降低，各季节、季风期与非季风期变化趋势与年序列相似。其中 1980—2000 年以 $-0.022 （\text{m} \cdot \text{s}^{-1}） \cdot \text{a}^{-1}$ 的速

率降低，降幅超过 40 a 间平均下降幅度，而 2000—2009 年以 0.009（m·s⁻¹）·a⁻¹ 的速率缓慢上升，2010—2019 年则以 0.027（m·s⁻¹）·a⁻¹ 的速率升高。在月尺度上大香格里拉地区 3 月风速最高，呈现"单峰型"变化的特征。

（2）空间分布上，年、季节、季风期与非季风期高风速台站主要位于川西南、滇西北的平坝区，平均风速大致表现为由东南向西北递减的空间分布格局。年均风速增幅较大台站多位于滇西高原和横断山区，降幅较大台站多位于川西高原，各季节平均风速空间分布与年平均风速分布类似。

（3）大香格里拉地区风速年际变化以 1 a 左右的周期最为显著，长周期趋势性不明显。近 40 a 大香格里拉地区风速变化与 AMO 相关性最为明显，2000 年之后风速与 MEI、PNA 等也呈现了较强相干性，同时与 NAO、PDO 和 PNA 之间表现出滞后相干。

5.6　讨　论

风是由于气团之间存在的温差及气压梯度而形成的气体流动（Huang et al.，1999）。大气环流是驱动气候变化的主要因素（刑丽珠 等，2020），风速下降的主要原因是由于大气环流变化和全球气候变暖。随着全球气候变暖现象加剧，极端温度差值不断增大，冷空气强度变弱，高低纬间径向气流、冬季与夏季间冷暖空气交换都减弱，同时昼夜温差减小，使局地山谷风、海陆风减弱，因此风速普遍减小（夏丽丽 等，2020），而随着变暖趋缓，风速的减小也趋于平稳（Ben et al.，2020）。

本章通过分析 1980—2019 年大香格里拉地区风速变化特征发现，大香格里拉地区平均风速年际变化在时间尺度上表现为由快速下降转变为缓慢上升，与我国年平均风速总体变化趋势一致（Lin et al.，2013）。月尺度上，3 月风速达年内峰值，提前于我国北方地区（曹永强 等，2018），说明高海拔地区受到的太阳辐射更强，地面升温快，上下对流运动的增强使得地面风速增大。而季节、非季风期和季风期风速变化与年际变化相似，整体呈现为 1980—2000 年风速下降，2000 年后整体上升，这一变化趋势与整个西南地区、西北地区以及全国的变化趋势是一致（张志斌 等，2014；Lin et al.，2013；贾诗超 等，2019），但是否标志着风速的增大，仍有待后续观测数据的证实。

本研究基于小波变换相干分析结果显示，大香格里拉地区风速与大气环流确实存在年际尺度的显著共振周期，只是不同时域上存在明显差异。这至少说明大气环流因子作为外部驱动力影响风速变化是大香格里拉地区风速发生年际变化的重要原因之一。本章分析结果显示 AMO、MEI 和 PDO 是影响大香格里拉地区风速的主要原因之一。吴舒祺等（2021）发现，自 20 世纪 70 年代至 21 世纪初，西风环流呈减弱趋势，因此地表风速呈下降状态。但小波变换相干也揭示在有些年份 AO、NAO 和 PNA 对该地区风速的影响并不强烈。这说明风速变化不仅受大气环流异常因子的影响，也可能受其他因素的影响，如地形的屏障作用、冬季青藏高原积雪等。气候因子的异常波动有时并不是由于外部强迫因子造成，还可能是由于气候因子自身的内部波动引起。在今后的研究中，需要考虑这些因素，以便能更为全面且系统地揭示大香格里拉地区风速变化的驱动因素。

第 6 章
大香格里拉地区相对湿度时空变化特征

水蒸汽作为温室气体，对气候变化及预测起着至关重要的作用（Chen et al.，2020），并深切影响着其他气候要素的综合效应（Gatlen et al.，1999；Lu et al.，2010）。相对湿度是描述表征空气中水汽饱和程度的重要参量，用空气中的实际水汽压与同温度下的饱和水汽压之比表示，在调节地表水分和能量平衡方面起到关键作用（Gatlen et al.，1999），同样，也对能见度、生态地理环境、雾和霾形成、农作物生长等各方面都具有重要影响（Gedney，2006；齐庆华 等，2017；Wu，2021）。因此，探究相对湿度的时空变化特征有利于加深对研究区域的气候变化特征的认识，可对区域旅游气候变化评估起到极其关键的作用。

近年来，国内外学者针对相对湿度的时空变化开展了相关研究。如，Akinbode 等（2008）发现 1980—2001 年尼日利亚阿库雷的相对湿度呈显著下降趋势。Surratt 等（2004）和 Vincent 等（2007）通过分析美国和加拿大长期相对湿度变化发现，北美地区相对湿度呈显著上升趋势。Chen 等（2020）通过对中国西北干旱地区 1966—2017 年相对湿度的时空特征研究发现，相对湿度在宁夏下降趋势不如河西走廊明显，且新疆北部的气候条件更为湿润。Li 等（2018a）基于格网数据研究表明，全球近地表相对湿度变化趋势不显著，但中国、美国及印度北部有显著的上升趋势。Song 等（2012）指出，1961—2010 年我国东部绝大多数地区相对湿度呈显著下降趋势。韩梅等（2003）揭示了吉林中西部地区年均和季节相对湿度均呈下降趋势，而且相对湿度变化与气温呈负相关，与降水量呈正相关关系。齐庆华等（2017）通过经验正交函数分析方法得出，中国大陆东部冬季相对湿度呈现南北高、中部低的气候分布，且其异常变化的主模态空间分布以全区域一致型、南北反位相型和三极子型为主。刘晓迪等（2013）分析 1960—2012 年山东省近地及高空相对湿度变化得出，山东省相对湿度呈现出从东部沿海向西部内陆递减的分布特征，近地面各气象站的相对湿度整体呈下降趋势，高空相对湿度也呈现出下降趋势。卢爱刚（2013）揭示了中国相对湿度在秦岭—淮河一线以北具有显著下降态势，而秦淮以南则无明显变化。

本章选取 1980—2019 年大香格里拉地区 34 个气象站点数据，采用多种统计方法揭示该地区相对湿度时空变化特征，以期对大香格里拉地区气候特征变化、旅游气候变化和生态环境等提供科学参考。

6.1　相对湿度时间变化

6.1.1　相对湿度年、季变化

从图 6.1 可知，1980—2019 年，大香格里拉地区年平均相对湿度为 66.9%，并以 $-0.0885\% \cdot a^{-1}$ 的变化率快速下降。年平均相对湿度的变化可大致分为 3 个阶段，不同时间段相对湿度变化存在明显差异。1980—1987 年，大香格里拉地区年平均相对湿度持续在 66%~68% 中波动，变化较为平稳，呈先下降后上升趋势。自 20 世纪 80 年代末到 21 世纪初，年平均相对湿度呈现高位波动，在 2000 年达到 40 a 间的最大值，2002 年后年平均相对湿度急速下降，其中在 2009 年出现了 40 a 间的最小值，为 63.5%；并于 2016 年出现了 2000 年以来年平均相对湿度最大值，为 70.1%。

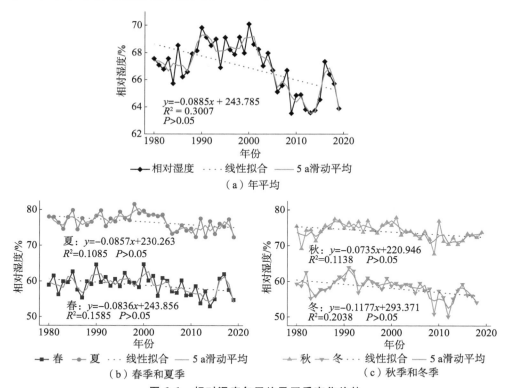

图 6.1　相对湿度年平均及四季变化趋势

从季节上看，夏季平均相对湿度最大，为 76.6%，其次是秋季（73.9%），而春季和冬季相对湿度较小，分别为 58.9% 和 58.1%。且四季均呈现不同程度的降低趋势，其中冬季变化趋势最明显，以 $-0.1177\% \cdot a^{-1}$ 的变化率下降，秋季的下降趋势最为平缓，变化率为 $-0.0735\% \cdot a^{-1}$，春夏两季的变化趋势较为相似，均以 0.08% $\cdot a^{-1}$ 左右的速率降低（图 6.1b）。

春季，相对湿度的变化波动较大，变化率为 $-0.0836\% \cdot a^{-1}$（图 6.1a）。20 世纪 80—90 年代中期，相对湿度波动明显，呈小幅度增加趋势。20 世纪 90 年代中期，相对湿度在同一水平小幅度波动。20 世纪 90 年代末期及 21 世纪以来，波动幅度增大，且自进入 21 世纪，相对湿度开始明显减少，在 2014 年出现了最小值（52.9%）。

夏季，变化率为 −0.0857% · a⁻¹，20 世纪 80—90 年代相对湿度波动较大，且整体呈波动增加趋势，在 1998 年相对湿度出现近 40 a 最大值，为 81.6%。2000 年以来呈波动下降趋势，在 2004—2006 年出现大幅度下降。

秋季，相对湿度变幅减小，总体减少态势平缓。20 世纪 80—90 年代，相对湿度波动上升。2000 年以来，相对湿度经过幅度较大的减少阶段后变化趋于平缓；自 2013 年起，呈现微弱增加态势。

冬季，相对湿度减少趋势最为明显，变化率为 −0.1177% · a⁻¹。1980—1995 年相对湿度呈波动增加趋势，之后相对湿度在波动中减少。2012 年以来相对湿度呈波动增加。

6.1.2 相对湿度月变化

如图 6.2 所示，1980—2019 年，各月相对湿度均呈下降趋势，其中 9 月下降趋势最为明显，下降速率为 −0.887% · a⁻¹，且对比相邻月份下降趋势明显，7 月下降趋势幅度最小，变化率为 −0.0495% · a⁻¹，1 月、3 月、4 月、6 月均以 −0.10% · a⁻¹ 左右的变化率减少。

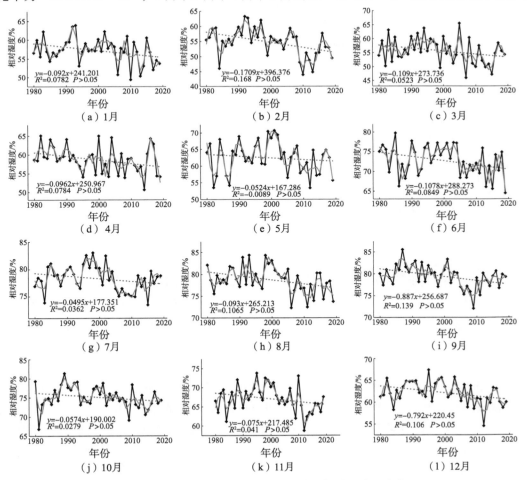

图 6.2　1980—2019 年大香格里拉地区相对湿度月变化

　　从变化过程分析，12 个月中 5 月、7 月、10 月变化率相对较小。总体来看，1980—2019 年，12 个月的变化趋势大致可分为两个阶段，20 世纪 80—90 年代和 21 世纪后的相对湿度变化波动存在巨大差异。20 世纪 80—90 年代，除 4 月外，相对湿度呈波动增加趋势，尤其是 2 月、5 月、7 月和 11 月，而 2000 年以来呈波动减少趋势，尤其是 5 月、6 月、7 月、8 月和 9 月波动减少趋势最明显。

6.2　相对湿度空间变化

6.2.1　相对湿度年分布

　　从图 6.3 可知，1980—2019 年多年平均相对湿度低值区域呈现较集中分布，多分布于大香格里拉地区北部（昌都市和甘孜州），高值区域集中分布于大香格里拉地区的西南部及东部地区，整体呈现向内递减趋势，最高值区域集中分布于怒江傈僳族州及凉山彝族自治州，其中最高值区域占据怒江傈僳族自治州面积的 50% 以上。

　　从季节上看，四季均呈自西南及东部地区向内相对湿度递减趋势，整体上看，夏季香格里拉地区整体相对湿度最高，冬季最低。其中低值区域随四季变化逐渐增多，春季低值区域最少，呈零散分布，而冬季最多，集中分布于北部到东南部。高值区域则总体分布占比先减少后增加，分布也由分散变得集中，其中冬季最为集中，春季最为分散。

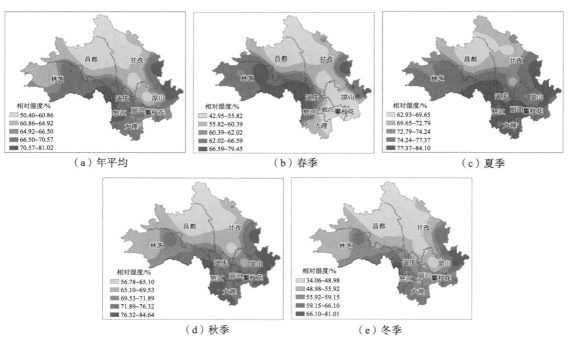

图 6.3　1980—2019 年大香格里拉地区相对湿度年、季节空间分布特征

6.2.2　相对湿度月分布

　　如图 6.4 所示，大香格里拉地区各月相对湿度分布与年、季都较为相似，1—6 月相对

湿度分布呈现西南和东南边缘高，而其余地区低的分布特征，而7—12月相对湿度呈现北低南高的态势。整体来看，低值区域从1—4月分布逐渐减少，8—9月，低值区域分布较小，主要出现在北部，10—12月低值区域由北部向南部逐步增大。其中1月低值区域集中分布于甘孜、昌都及凉山一带，仅有少部分分布于林芝地区中部，2—6月，低值区域零散分布于多处，且面积较小，7—12月低值区域分布集中，主要集中于西北或北部。

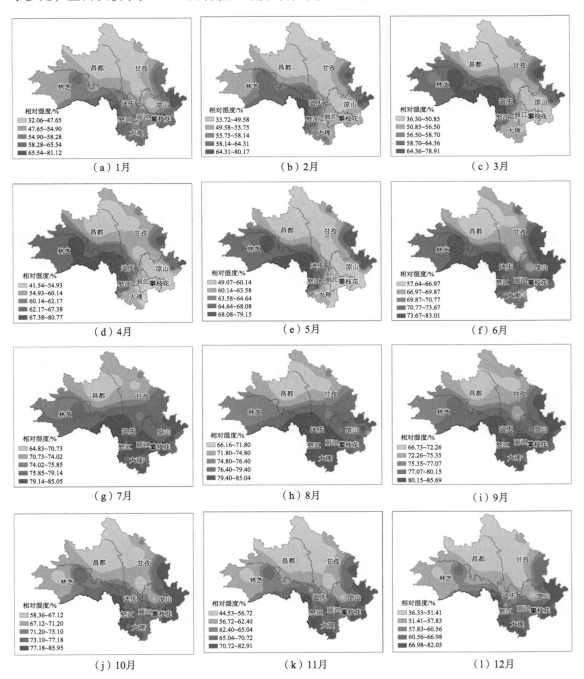

图6.4 1980—2019年大香格里拉地区相对湿度逐月分布特征

6.3　EEMD 周期分析

图 6.5 为 1980—2019 年大香格里拉地区相对湿度变化的时间序列 EEMD 的分解结果。对相对湿度时间序列进行 EEMD 分解，在原始序列中加入白噪声信噪比，则相对湿度变化的时间序列可分为七个 IMF 及一个 RES（趋势项），大香格里拉地区相对湿度变化存在 7 个准周期和一个趋势项。其中趋势项代表相对湿度时间序列中周期长于序列长度的部分，表示序列变化的总趋势，表 6.1 列出了分离后的七个模态及一个趋势项的周期、方差贡献率及相关系数，其中相关系数代表了各模态的显著性水平，贡献率则代表每个模态对相对湿度总趋势变化的影响程度。

EEMD 分解结果大致可分为三个部分：年内尺度（IMF1 和 IMF2）存在 0.26 a 和 0.80 a 周期，年际尺度 1.18 a、2.67 a、4.71 a（IMF3、IMF4 和 IMF5）、年代际尺度（IMF6 和 IMF7）13.33 a 和 26.67 a 的周期。从方差贡献率来看，年内尺度相对湿度周期贡献率最大，占 77%，其中 IMF2 占 45%，表明相对湿度周期变化主要以年内变化最为明显。年际和年代尺度中，除 IMF3 的贡献率占到 18%，IMF4 占到 2% 外，其余分量均只占到 1%。EEMD 分解后得到的最后一个分量为趋势项，代表了相对湿度时间序列总趋势，据趋势项图 6.5h 可知，大香格里拉地区相对湿度呈线性下降趋势，且该趋势将持续一段时间。

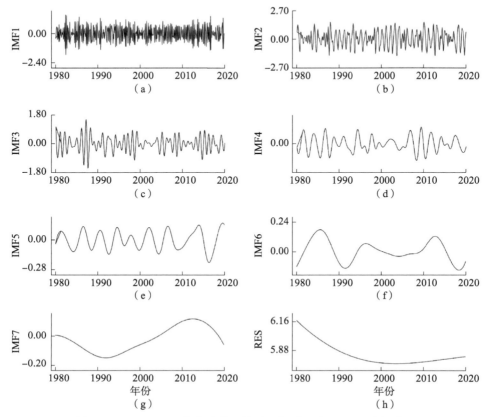

图 6.5　1980—2019 年大香格里拉地区相对湿度 EEMD 分解结果

表 6.1　大香格里拉地区相对湿度各分量周期、方差贡献率和相关系数

	IMF1	IMF2	IMF3	IMF4	IMF5	IMF6	IMF7	RES
周期/a	0.26	0.80	1.18	2.67	4.71	13.33	26.67	0.26
方差贡献率/%	32.60	45.65	20.10	1.22	0.21	0.17	0.05	1
相关系数	0.06	0.06	0.06	0.06	0.06	0.06	0.06	0.06

6.4　年平均相对湿度与大气环流指数的小波变换相干分析

图 6.6 描绘了年平均相对湿度与大气环流指数的小波变换相干。AMO 与年平均相对湿度序列在 1988—2019 年存在 8～16 个月的显著正相干间断共振周期（图 6.6a）。年平均相对湿度与 AO 相干性不明显（图 6.6b）。年平均相对湿度与 MEI 在 32～64 个月的时间尺度上存在超前相干性，而在 2008—2013 年存在 16～32 个月的显著负相干（图 6.6c）。年平均相对湿度与 NAO、PDO 和 PNA 的相干性与 AO 一致，在整个时间段相干性均较弱。

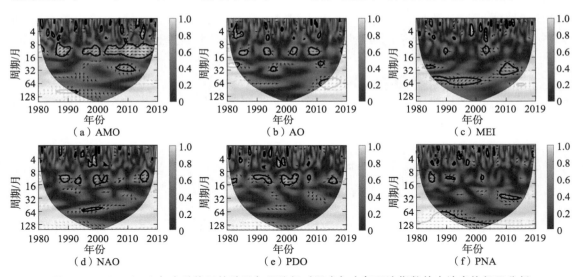

图 6.6　1980—2019 年大香格里拉地区年平均相对湿度与大气环流指数的小波变换相干分析

6.5　小　结

（1）1980—2019 年，年、季、月相对湿度均存在不同程度的减少，年平均下降速率为 $-0.0885\% \cdot a^{-1}$。1980—2000 年相对湿度年、季、月呈波动增加趋势，进入 21 世纪以后相对湿度呈波动下降趋势。

（2）大香格里拉地区不同区域的相对湿度变化具有一定的空间差异，相对湿度空间分布主要呈现西南和东南高，北部相对湿度较低的态势。

（3）EEMD 的分解结果表明，相对湿度周期主要以年内变化为主，其中 IMF1～2 方差贡献率高达 77%，进一步从趋势项得出大香格里拉地区 1980—2019 年呈线性减少趋势。

（4）双变量小波揭示相对湿度与 AMO、MEI 和 PNA 相干性较其余大尺度环流指数明显，且主要表现为年内尺度周期相关，与 EEMD 分析结果吻合。

6.6　讨　论

受全球气候变化的影响，近几十年来全球气温逐步升高，但变化幅度存在季节与区域的明显差异，气温和降水的变化，必然引起相对湿度的响应和调整（徐荣潞 等，2020）1980—2019 年大香格里拉地区平均相对湿度年际变化在时间尺度上呈现明显差异性，20 世纪 80—90 年代相对湿度呈波动增加，而进入 21 世纪后相对湿度呈波动减少，与西南地区相对湿度的变化特征一致（李瀚 等，2016）。四季中，夏季平均相对湿度最大，主要是由于大香格里拉地区夏季多雨且气温升高，蒸发量增大，但大香格里拉地区冬季寒冷干燥降水少，所以冬季平均相对湿度最小，与我国西南地区相对湿度所呈现的"夏高冬低"研究结果一致（蔡宏珂 等，2021）。

大香格里拉地区位于青藏高原北部，高原地形与大气环流相互作用，并彼此发生明显的相互作用（杨晓新，2022）。本章选取 6 个大气环流指数进行小波变换相干分析发现，选取的大气环流指数与相对湿度周期变化存在显著共振周期，可见大气环流指数对大香格里拉地区相对湿度影响明显，且其中 AMO 指数对相对湿度的影响最为显著。

相对湿度是重要的气象要素之一，是由地表性质和人类活动产生的产物（徐荣潞 等，2020）。除大气环流指数的影响外，地表性质的差异、变暖引起的冰川融化增加和人类活动对相对湿度都会产生较为明显的影响。因此，本研究针对相对湿度的影响因素分析，今后仍需进一步深入探究。

第7章
大香格里拉地区旅游气候舒适度评价

　　旅游业是在一定社会经济条件下出现的一种社会经济现象，它是人类物质和文化生活的一部分（张凌云，2009）。现实和长期积累的经验表明，对于许多旅游目的地来说，气候已经成为一种自然资源，旅游业越来越多地将其考虑在内（Mihăilă et al.，2019）。气候资源的时空变化特征将对不同方面的旅游需求产生显著影响（Atzori et al.，2018）。一方面，气候变化会影响旅行者季节选择的差异，进而对旅游目的地选择产生影响（Goh，2012；Li et al.，2014）。另一方面，它会强烈影响游客的偏好、行为、安全和满意度（Jeuring et al.，2013）。因此，科学地测量和评估不同地区的旅游气候舒适度，以帮助游客了解当地的气候舒适度并做出选择，具有重要参考价值。

　　旅游气候舒适度及其对旅游业影响的研究一直是气候变化和旅游研究的热点之一。气候舒适度是从气象学的角度来评估人体在不同气候条件下的舒适状态。基本上，它代表了一个生物气候指数，反映了人体对热环境满意度的感知（Yao et al.，2021）。同时，也是衡量气候变化对旅游活动影响的重要因素（Yan et al.，2013）。因此，气候舒适度是一个地区朝着更舒适的生活、工作和旅行方式发展的重要因素之一。自20世纪20年代以来，气候舒适度评估已经开展。1923年，胡厄特和雅格鲁提出了有效温度（Effective Temperature，ET）指数，该指数反映了温度和湿度对人类舒适度的综合影响，为使用经验模型评估气候舒适度创造了先例（Houghton et al.，1923）。此后，随着生物气象学的发展和计算机技术的广泛应用，研究人员基于热平衡研究了人体对冷和热的感知。目前，各种生理气候指数广泛用于评估气候条件对人类舒适度的影响。例如，作为热环境下的综合指数，生理等效温度（Physsological Equivalent Temperature，PET）可以预测人体对天气状况的热感知；Basarin等（2014）针对塞尔维亚伏伊伏丁那地区，使用PET指数进行了人体热舒适度的研究。Alijani等（2020）利用PET、平均辐射温度、天空视野因子和纵横比来评估城市地区的热舒适性，结果表明，改善生活质量和宜居性的气候考虑欠缺，城市设计师和规划者应重新思考和审查德黑兰的城市规划，使其在未来成为一个宜居和可持续的城市。通用热气候指数（Universal Thermal Climate Index，UTCI）使用多节点人体热平衡模型来表示气象条件对人体造成的热应激，它是衡量人类舒适度最全面、最普遍的指数；Di Napoli等（2018）证明了在欧洲，UTCI可考虑为与热相关的健康风险指标，该学者发现它能够捕捉欧洲热生物气候变异性，并将这种变异性与其对人类健康的影响联系起来。此外，由于UTCI以当代科学为基础，它的使用将使人类生物气象学主要领域的应用标准化，从而使研究结果具有可比较性和生理相关性（Jendritzky et al.，2012）。旅游气候指数（Thermal Climate Index，TCI）在旅游气候和生物气象领域应用广泛，尽管 TCI 没有考虑人类的热生理、舒适和不适（Anđelković et al.，2016），但它为游客提供了何时出行的气候福祉。目前，利用 TCI 研究旅游气候舒适度和生物气象要素的变化较多，研究范围从全球到大洲、区域。如 Kovács 等（2014）评估了匈牙利南部蒂萨平原居民的热舒适度；Amiranashvili 等（2015）比较了南高加索地区月度 TCI 值时空变化。

我国对气候舒适度的研究始于 20 世纪 80 年代。在借鉴国外研究成果的基础上，我国气候舒适度研究发展迅速，并逐渐形成几大主流。在经验模型方面，国内研究侧重于对温湿指数、风寒指数、穿衣指数及综合舒适度指数等的组合运用（王金亮 等，1999）。如程清平等（2017）利用德钦气象站 1954—2014 年逐日观测资料，利用温湿指数、风寒指数、穿衣指数和综合舒适度指数对梅里雪山旅游气候舒适度展开了分析和评价，结果表明梅里雪山旅游出行最适宜时间为每年 5—10 月。在机理模型方面，由于获取数据困难以及模型本身的复杂性，舒适度评价中并未得到广泛应用，研究成果大多处于舒适度研究发展的早期阶段，如冯定原等（1990）以感热温度理论为基础，计算出我国四季感热温度的空间分布，通过比较我国不同地区四季不同天气的气候特征，初步得出其对人类活动影响的结论。进入 21 世纪后，随着旅游气候舒适指数的广泛使用，我国学者们利用旅游气候指数（TCI）评价旅游气候舒适度的时空演变（Cheng et al.，2019）。

尽管气候适宜度研究在国内取得了很大进展，但很少有学者关注高海拔地区气候舒适度的评价研究（Liu et al.，2022）。目前高海拔地区旅游气候舒适度的研究主要有张曦月等（2018）使用 UTCI 讨论了不同海拔地区气候舒适度的时空调节及其主要影响因素，发现对于高海拔地区，全球气候变化可以将体感舒适度从寒冷的不适范围转移到舒适范围。Li 等（2014）应用 PET 和气候旅游信息计划（Climate Tourism Information Scheme，CTIS）方法对青藏高原高海拔地区的热生物气候条件进行了首次案例研究。Zhong 等（2019）改进了低海拔气候舒适度评价方法，对青藏高原旅游气候舒适度进行了评估，发现西藏地区的气候越来越舒适。蔚丹丹等（2021）利用地理信息系统技术和方法基于旅游气候舒适度分析，提出由 4 个一级区北方夏季适游区、南方春秋适游区、青藏短夏适游区和西南四季适游区以及 16 个二级区构成的中国旅游气候区划方案。

高原地区具有良好的资源背景环境，但其高寒高海拔的地理特征将极大地制约旅游业的发展，高原反应和太阳辐射增加了游客的旅游风险。因此，旅游气候舒适度评估方法的可用性和准确性对于游客成功地准备和规划旅游活动至关重要。大香格里拉地区具有突出的自然和文化多样性、丰富的旅游资源和巨大的旅游发展潜力，已被确定为中国重点旅游发展区（杨小明，2013）。大香格里拉地区主要区域位于青藏高原到川西高原和云贵高原的过渡带。目前，Mieczkowski（1985）提出的旅游气候指数（TCI）是全面考虑旅游气象要素的气候舒适度评估指数之一，也是最广为人知和应用最广泛的指数，它结合了 7 个参数，其中 3 个是独立参数，2 个是生物气候组合参数（De Freitas et al.，2008）。然而，从气候学的角度来看，该指数也存在一些不足，即不包括短波和长波辐射通量的影响（Matzarakis，2007）。迄今为止，据我们所知，Cheng 等（2019）使用修订的日尺度 TCI 指数评估大香格里拉地区的旅游气候舒适度，但未考虑太阳辐射和氧气含量等高海拔因素。为了填补这一空白，在前人对 Mieczkowski 提出的 TCI 修订的基础上，对该指数进一步修订以适用于高海拔地区，从而改善目前以低海拔地区的旅游气候指数评价高海拔地区旅游气候舒适度的误区和不足。

因此，本章基于数据的可用性和稳定性，选择了 1980 年 1 月 1 日至 2019 年 12 月 31 日 20 个气象站的每日气象数据集。由于大理站、会理站、丽江站和甘孜站的太阳辐射数据缺失，我们使用邻近站点进行替代，选择华坪站代替大理站和会理站，维西站代替丽江站，德格站代替甘孜站。本章主要研究以下 3 个方面：（1）通过整合气温、降水、风速等气象要素计算太阳辐射和含氧量构建高原旅游气候舒适度指数（TCIP）；（2）分析近 40 a 来该区气候舒适度的时空演变；（3）揭示影响舒适度的地理因素。

7.1　TCIP 组成要素分析

7.1.1　氧含量

大香格里拉地区平均氧含量为 225.14 ± 23.83 g·m^{-3}，仅为海平面氧含量的 79%（图 7.1a）。大香格里拉地区氧含量呈东南高、北部低的趋势，东南地区普遍高于平均水平，有 4 个高值区，最高值区位于华坪站，氧含量在 270 g·m^{-3} 以上，达到海平面氧含量的 95%。次高值区位于会理、越西、贡山站，氧含量在 250 g·m^{-3} 以上，相当于海平面氧含量的 88%。北部地区通常低于平均水平，有 4 个低值区，低值区域位于色达站，氧含量低于 190 g·m^{-3}，相当于海平面氧含量的 67%。次低值区位于大香格里拉地区北部，包括甘孜、稻城、昌都、德格和大香格里拉地区中部（分别为德钦和香格里拉站），该地区海拔 3000 m 以上，氧含量大多低于 210 g·m^{-3}，相对氧含量为海平面氧含量的 74%。

7.1.2　太阳辐射

大香格里拉地区具有较强的太阳辐射，平均为 5670.8 ± 512.3（MJ·m^{-2}）·a^{-1}，并呈现西北部低、东南部高的趋势（图 7.1b）。该地区的太阳辐射有 4 个高值区和 2 个低值区。其中高值中心包括华坪站和会理站，其他 3 个高值地区是大理站、盐源站和稻城站。高值区太阳辐射量在 6200（MJ·m^{-2}）·a^{-1} 以上，这是由于大理、华坪和会理位于低纬度地区，而盐源和稻城则是由于位于高海拔地区和长期日照较高。两个低值区域位于波密站和贡山站，处于大香格里拉地区西南部，太阳辐射量低于 4800（MJ·m^{-2}）·a^{-1}。该地区受西南季风影响，降雨量丰富，水分充足，因而日照率低，太阳辐射弱。

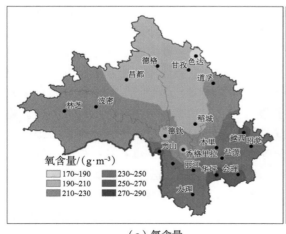
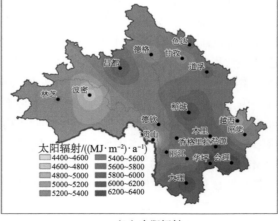

（a）氧含量　　　　　　　　　　　　　（b）太阳辐射

图 7.1　1980—2019 年大香格里拉地区氧含量（a）和太阳辐射（b）的空间分布

7.2　TCIP 时间分布特征及变化趋势

7.2.1　TCIP 时间分布特征

TCIP 等级为 "可接受" "好" "非常好" 和 "优秀"，其日数如图 7.2 所示。等级为 "可接受" 日数在全年分布良好，秋季（10 月和 11 月）和冬季（12 月和 1 月）"可接受" 日数波动较大，最多天数从 1 d（色达站）到 30.95 d（波密站）不等（图 7.2a）。等级为 "好" 的日数集中分布在 6—10 月，最多天数为 0 d（稻城和昌都站，全年没有检测到相应的舒适日）至 23.96 d（会理站）（图 7.2b）。等级为 "非常好" 的天数分布在 5—10 月，波动很大，最多天数为 0 d（波密、林芝、道孚、香格里拉、德格、昌都、甘孜、色达、稻城和德钦站全年未检测到相应的舒适日）至 24.95 d（华坪站）（图 7.2c）。等级为 "优秀" 日数在 9—10 月趋势突显：最多天数为 0 d（木里、维西、波密、林芝、道孚、香格里拉、德格、昌都、甘孜、色达、稻城、德钦、丽江、盐源站全年未检测到相应的舒适天数）至 10.98 d（华坪）（图 7.2d）。理想天数仅出现在华坪站。

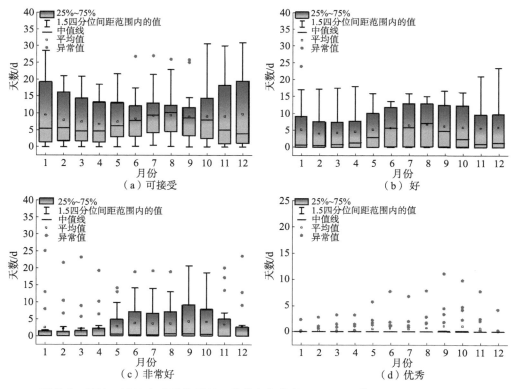

图 7.2　1980—2019 年大香格里地区旅游气候指数（TCIP）等级为 "可接受" "好" "非常好" 和 "优秀" 的多年月平均天数箱线图

7.2.2 大香格里拉地区 TCIP 的时间变化趋势

由 7.3a 可知，年均超过 150 d 的"可接受"等级的空间分布主要在大香格里拉地区西部和西南南部。北部和南部地区分别出现了显著的增长和下降趋势。图 7.3b 显示，"好"等级超过 130 d 的集中分布在大香格里拉地区东南边缘。共有 14 个气象站（70%）观测到增长趋势；8 个站点（40%）通过 0.01 显著性检验。图 7.3c 显示，等级为"非常好"日数的空间分布也集中在大香格里拉地区南部边缘，与等级为"好"的日数相比，分布范围较小。共有 9 个气象站（45%）观测到上升趋势。在 9 个气象站中，仅有 2 个气象站不显著。"优秀"等级超过 20 d 的站点分散在大香格里拉地区东南边缘，包括华坪、越西和贡山站（图 7.3d），在所有气象站中，只有 2 个站点通过 0.01 显著性检验。总体而言，大多数站点舒适等级主要集中为"可接受"和"好"，舒适日数主要位于大香格里拉地区南部。

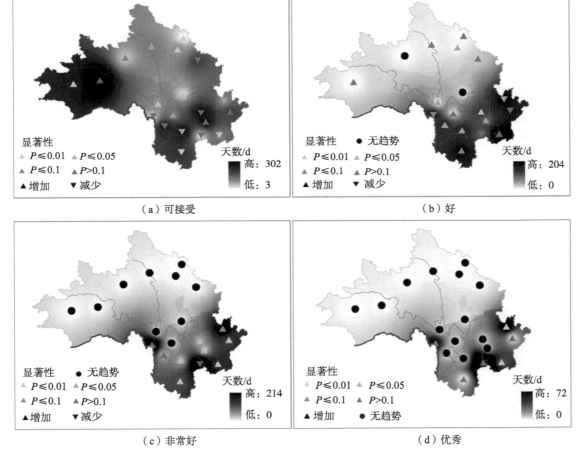

（a）可接受

（b）好

（c）非常好

（d）优秀

注：在使用 Mann-Kendall（M-K）后，$P \leq 0.01$ 表示为极其显著，$P \leq 0.05$ 表示为非常显著，$P \leq 0.1$ 表示为显著，$P > 0.1$ 表示为不显著。

图 7.3 1980—2019 年大香格里拉地区旅游气候指数（TCIP）年均舒适日数空间分布变化趋势图

7.2.3　TCIP 季节分布特征

7.2.3.1　春季 TCIP 的分布特征

根据大香格里拉地区 20 个气象站的月平均和春季 TCIP 平均值的空间分布图（图 7.4）所示，大香格里拉地区春季旅游舒适气候总体呈"不利""一般""可接受""好""非常好" 5 个等级。可以看出，"不利"舒适等级在春季分布最大，$2.46 \times 10^4 \ km^2$ 的面积处于该等级区域，占大香格里拉地区区域的 4.66%，相应的 3 个气象站主要为色达、稻城和德钦站。"一般"等级气象站共 7 个，占大香格里拉地区地区的 61.64%。其次，"可接受"等级气象站共 6 个，区域面积达 $14.8 \times 10^4 \ km^2$，占大香格里拉地区的 28%。此时，有 4 个气象站位于"好""非常好"等级，但面积最小，共 $3 \times 10^4 \ km^2$，占大香格里拉地区区域的 5.69%，主要分布在贡山、越西、会理和华坪站。

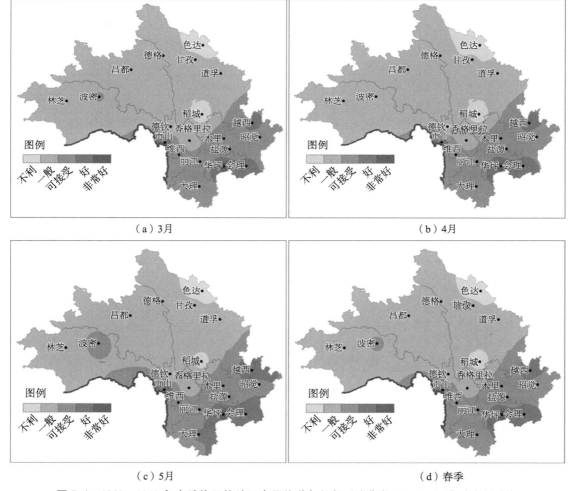

（a）3月　　　　　　　　　　　　　　（b）4月

（c）5月　　　　　　　　　　　　　　（d）春季

图 7.4　1980—2019 年大香格里拉地区高原旅游气候舒适度指数（TCIP）春季空间分布

从 3 月至 5 月旅游气候舒适度的变化来看，"不利"等级变化差异主要体现在色达和德钦站，处于该等级的 2 个站点面积从 3 月到 4 月有所扩大，5 月大幅度下降。其中，德钦站在 5 月的舒适等级从"不利"提高到"一般"。"可接受"等级变化差异主要体现在波密站。从 3 月到 4 月，面积比例显著下降，舒适等级从"可接受"下降到"一般"，5 月，该站点的舒适等级回到"可接受"水平，区域面积比例增加。"好"舒适等级在 3 月至 5 月没有明显变化。"非常好"气候等级分布面积很小，仅分布在华坪站，且面积在春季没有明显变化。此外，5 月，大香格里拉地区迎来了春季最大的舒适气候分布区。

7.2.3.2 夏季 TCIP 的分布特征

从夏季月平均值分布图（图 7.5）可以看出，夏季气温的升高扩大了舒适气候的面积。总体而言，舒适气候主要分布在大香格里拉地区的南部，并且向高纬度方向逐渐好转。分布最广的舒适等级是"可接受"。24.59×10^4 km² 的面积在"可接受"等级范围内，占大香格里拉地区的 46.51%，主要分布在大香格里拉地区西部、中南部大部分地区和东北部的小部分区域。受温度变暖的影响，"好"和"非常好"分布面积较春季增加，占大香格里拉地区的 17.57%。此时，由于海拔的影响，贡山站在小范围内的气候舒适性也很好。

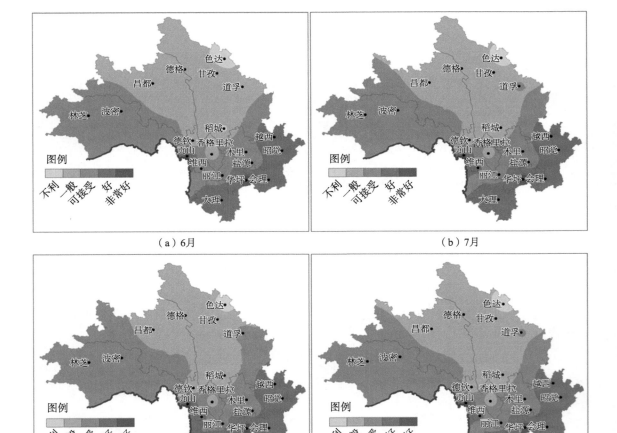

（a）6 月 　　　　　　　　　　（b）7 月

（c）8 月 　　　　　　　　　　（d）夏季

图 7.5　1980—2019 年大香格里拉地区高原旅游气候舒适度指数（TCIP）夏季空间分布

7 月，我国逐渐进入高温天气，"不利"舒适等级也有所减少，主要体现在稻城站。"可接受"舒适等级区域明显扩大,主要集中在道孚站。维西站也呈现出"好"舒适等级。8月,大香格里拉地区舒适分布面积扩大到 $37.62 \times 10^4 \text{ km}^2$,舒适气候约占该地区的 70%,而 28.83% 的地区为不舒适气候。与 7 月相比,"可接受"舒适等级区域正在向高纬度移动,"好"舒适等级主要沿大香格里拉地区的东部和南部边缘呈环形分布。

7.2.3.3　秋季 TCIP 的分布特征

大香格里拉地区秋季旅游舒适气候的分布模式与夏季非常相似。与夏季相比,气候舒适度区域有所增加(图 7.6),其中"可接受"等级分布区域超过 50%,"好"和"非常好"等级分布区域超过 20%。在 28.4% 的不舒适气候("不利"和"一般")分布中,"一般"舒适等级仅占 0.283%,为一年中所占比例最小。9 月,舒适气候等级具有明显优势,几乎占据了大香格里拉地区的东部和南部,为一年中分布最大的时期。此时,"好"和"非常好"的总面积也达到一年中的最大值,占 23.90%,面积为 $12.63 \times 10^4 \text{ km}^2$。值得一提的是,大理和丽江站在 9 月的气候舒适等级为最好,因此可以得出结论,9 月是这两个地方旅行的最佳时间。10 月,冷空气的影响开始逐渐显现,舒适气候等级的比例向低纬度缩减,而不舒适气候则向南扩大。与 10 月相比,这一趋势在 11 月份进一步加强。

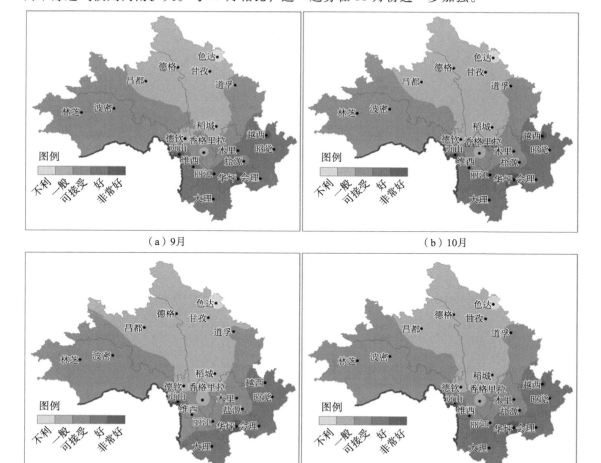

（a）9月　　　　　　　　　　（b）10月

（c）11月　　　　　　　　　　（d）秋季

图 7.6　1980—2019 年大香格里拉地区高原旅游气候舒适度指数(TCIP)秋季空间分布

7.2.3.4 冬季 TCIP 的分布特征

如图 7.7 所示，冬季气候不舒适面积占 53.04%，其中"不利"仅占 1.25%，其余 51.79% 为"一般"。冬季气候舒适度的总体分布格局与 1 月相似（1 月不舒适气候面积占 53.44%，其中"不利"仅占 1.27%，其余 52.17% 为"一般"）。截至 2 月，波密站在冬季一直保持着"可接受"的舒适等级水平。"好"舒适等级仅分布在东南边缘的大理站和会理站，东部的越西站和西南部的贡山站。"非常好"舒适等级只分布在华坪站。此时，不舒适的气候等级延伸到大香格里拉地区东北部、北部和西部大部分区域。

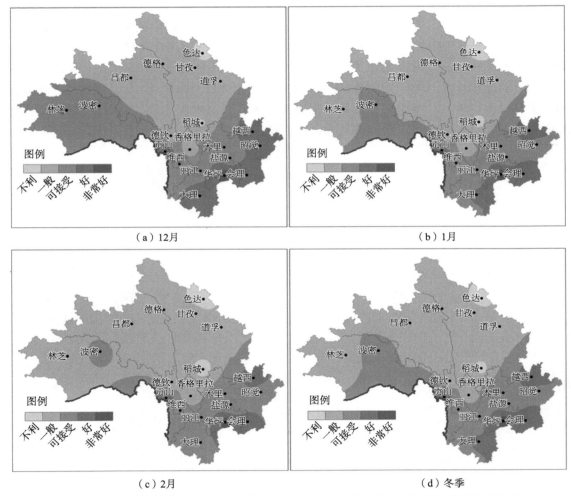

图 7.7 1980—2019 年大香格里拉地区高原旅游气候舒适度指数（TCIP）冬季空间分布

综上所述，大香格里拉地区舒适气候分布的空间差异很大，"好"和"非常好"主要分布在大香格里拉地区东南部，6—11 月占比较大面积。大香格里拉地区"非常好"舒适气候等级所占区域最小，只有低纬度的华坪站全年舒适等级水平为"非常好"。贡山站在夏季（6 月、7 月和 8 月）和秋季（9 月、10 月和 11 月）的舒适等级为"非常好"，而越西站只有在秋季的舒适等级是"非常好"。"不利"和"一般"主要分布在大香格里拉地区的西部、北部和中部地区。其中，色达站全年处于"不利"舒适等级，稻城站除 8 月和 9 月外，其他月份均处于"不利"和"一般"舒适等级,这表明大香格里拉地区气候特征独特,旅游者需要选择最佳出行时间。

7.3　TCIP 时空分布影响因素

7.3.1　基于聚类热图分析月平均 TCIP

图 7.8 显示了聚类热图分析的 20 个气象站的月平均 TCIP 变化。在月尺度上,可分为 4 类:1 月、2 月、5 月为第一类;3 月和 4 月为第二类;6—11 月为第三类,此类 TCIP 值较高的舒适天数多;12 月为第四类。从空间分布来看,这 20 个站点可以分为 6 种类型。类型 1 包括昌都、甘孜、德格、德钦、香格里拉、道孚和林芝站,主要位于大香格里拉地区北部和中部,海拔 2957 ~ 3394 m。色达和稻城构成类型 2,主要位于大香格里拉地区东北边缘和中心,海拔 3700 m。类型 3 由波密和盐源组成,位于 2545 ~ 2736 m 的海拔高度。类型 4 包括木里、维西、丽江、昭觉和大理站,集中在大香格里拉地区东南部,海拔 1990 ~ 2427 m。类型 5 由越西、会理和贡山站组成,位于低纬度和低海拔地区。类型 6 仅包括海拔和纬度最低的华坪站。由此可得出每月 20 个气象站的平均 TCIP 值在很大程度上受海拔高度的影响。

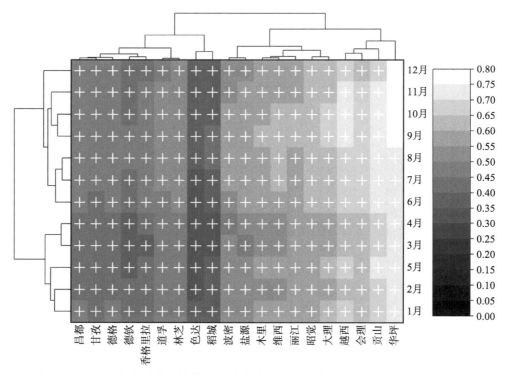

7.8　1980—2019 年大香格里拉地区 20 个气象站月平均高原旅游气候舒适度指数 (TCIP)
的平均连锁层次聚类热图

7.3.2 舒适日数与站点位置之间的关系

在表 7.1 中，很明显看出"好""非常好"和"优秀"舒适等级与海拔高度呈显著负相关；"可接受"等级与海拔高度之间没有显著相关性。表 7.1 还显示，6—10 月"可接受"等级与经度呈显著负相关。5—10 月"好"舒适等级与经度呈显著正相关，与纬度呈负相关。进一步对舒适日数与海拔高度之间的关系进行研究发现，"好""非常好"舒适等级日数与海拔高度呈非线性相关。图 7.9a 显示"好"舒适日数与海拔高度之间的关系可使用指数函数来确定（expDec1，$R^2 = 0.86$；$P < 0.05$），这些日数主要集中在 1580 ~ 3184 m。进一步来看"非常好"和海拔之间的关系可使用指数函数来确定（expDec1，$R^2 = 0.93$，$P < 0.05$），这些日数主要集中在 1244 ~ 2545 m（图 7.9b）。

表 7.1　大香格里拉地区 TCIP 月舒适日数与经度、纬度和海拔高度的相关系数

月份	经度				纬度				海拔			
	A	G	V	E	A	G	V	E	A	G	V	E
1	− 0.11	0.28	− 0.02	− 0.01	− 0.29	− 0.04	0.28	0.10	− 0.01	− 0.58 ***	− 0.65 ***	− 0.40 *
2	− 0.08	0.26	0.01	− 0.03	− 0.33	− 0.02	0.28	0.24	− 0.07	− 0.63 ***	− 0.65 ***	− 0.58 ***
3	− 0.02	0.25	0.02	− 0.04	− 0.37	0.03	0.24	0.26	− 0.13	− 0.65 ***	− 0.62 ***	− 0.61 ***
4	− 0.01	0.34	0.03	− 0.01	− 0.39	− 0.07	0.28	0.28	− 0.10	− 0.69 ***	− 0.68 ***	− 0.63 ***
5	− 0.19	0.53 **	0.12	0.03	− 0.27	− 0.29	0.32	0.26	− 0.08	− 0.82 ***	− 0.80 ***	− 0.63 ***
6	− 0.48 **	0.49 **	0.15	0.06	− 0.18	− 0.47 **	0.29	0.20	0.02	− 0.59 ***	− 0.79 ***	− 0.54 **
7	− 0.49 **	0.41 *	0.12	0.07	− 0.14	− 0.42 *	0.30	0.23	0.02	− 0.63 ***	− 0.79 ***	− 0.56 **
8	− 0.54 **	0.43 *	0.11	0.09	− 0.14	− 0.33	0.25	0.26	0.05	− 0.67 ***	− 0.79 ***	− 0.60 ***
9	− 0.58 ***	0.33	0.15	0.07	− 0.04	− 0.42 *	0.21	0.28	0.05	− 0.34	− 0.79 ***	− 0.63 ***
10	− 0.47 **	0.45 *	0.16	0.04	− 0.09	− 0.42 *	0.28	0.31	0.01	− 0.34	− 0.82 ***	− 0.68 ***
11	− 0.31	0.35	− 0.0017	− 0.18	− 0.32	0.37	0.24	0.03	− 0.40 *	− 0.78 ***	− 0.58 ***
12	− 0.22	0.26	0.02	− 0.0001	− 0.22	− 0.13	0.30	0.11	− 0.01	− 0.53 **	− 0.69 ***	− 0.41 *

注：评级类别：A，可接受；G，好；V，非常好；E，优秀。* 表示通过了 0.1 的显著性检验；** 表示通过了 0.05 的显著性检验；*** 表示通过了 0.01 的显著性检验。

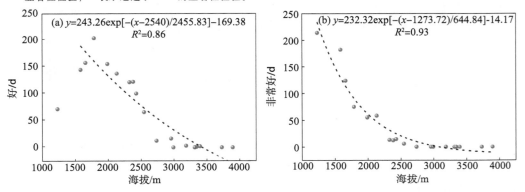

图 7.9　1980—2019 年大香格里拉地区"好"和"非常好"舒适等级日数与海拔高度之间的线性拟合关系

7.4　小　结

（1）从舒适气候的舒适期来看，TCIP 所得结果的舒适月份集中在 6—11 月，总体上年均气候舒适日数在 300 d 以上的站点集中位于大香格里拉地区南部。

（2）从大香格里拉地区舒适气候的空间分布来看，总体而言，该地区舒适气候呈"不利""一般""可接受""好"和"非常好"5 个等级。夏秋两季舒适气候的空间分布具有极大的相似性，且舒适气候区随时间变化而有规律的呈现夏季北进秋季南退的变化特征。

（3）20 个气象站点的月平均 TCIP 值在很大程度上受海拔高度的影响，"好"和"非常好"舒适等级日数与海拔高度呈非线性相关。

7.5　讨　论

旅游气候指数（TCI）是低海拔地区的旅游气候适宜性评价模型，而 TCIP 是本研究改进的高海拔地区的旅游气候舒适度评价模型。这两个模型对大香格里拉地区旅游气候舒适度的评价结果不同。通过使用 TCIP 模型来评估旅游气候舒适度，大香格里拉地区的总体舒适度有所下降。我们使用 TCIP 指数和 TCI 指数分别计算舒适日数，并对每个站点进行排名，以比较两个指数之间的评估差异（表 7.2）。从站点排名来看，评估差异较大主要体现在贡山、越西、昭觉、木里、波密、道孚、昌都和稻城站。贡山站、越西站、昭觉站和波密站的排名都大幅上升（使用 TCIP），这是由于海拔相对较低、氧含量高、太阳辐射较弱造成的。木里、昌都、道孚和稻城站的排名均大幅下降，这是由于海拔高、氧含量低和较强的太阳辐射造成的。除排名第一的华坪站外，其余站点的排名变化不大。就季节而言，排名差异夏季最小，冬季最大。所有这些结果进一步证实了 TCI 需要进一步改进以适应高海拔地区，并且 TCIP 指数评估结果比单独的 TCI 指数更加准确和可靠。

表 7.2　基于舒适日数（TCIP≥0.50 或 TCI≥50）统计比较 TCIP 指数和 TCI 指数排名变化

站点	春季	夏季	秋季	冬季	全年
华坪	0	0	0	0	0
贡山	+（13）	+（1）	+（1）	+（11）	+（12）
越西	+（8）	0	+（13）	+（16）	+（14）
昭觉	+（9）	+（4）	+（13）	+（10）	+（13）
维西	+（5）	−（2）	−（3）	+（2）	+（2）
木里	−（6）	−（2）	−（6）	−（5）	−（7）
波密	+（9）	+（5）	+（12）	+（8）	+（6）

续表

站点	春季	夏季	秋季	冬季	全年
林芝	– (4)	– (2)	– (9)	+ (2)	– (1)
道孚	– (4)	– (4)	– (5)	– (9)	– (9)
香格里拉	+ (3)	+ (2)	+ (2)	– (1)	0
德格	– (4)	0	– (2)	– (2)	– (2)
昌都	– (13)	– (11)	– (11)	– (11)	– (13)
德钦	+ (4)	+ (1)	+ (1)	0	+ (1)
稻城	– (8)	0	– (6)	– (16)	– (10)
色达	– (2)	0	– (1)	– (2)	– (1)
大理	0	+ (1)	+ (3)	+ (4)	+ (1)
甘孜	– (4)	0	– (1)	– (6)	– (3)
会理	0	– (1)	+ (1)	+ (5)	– (1)
丽江	– (2)	+ (3)	+ (1)	0	+ (1)
盐源	– (4)	+ (4)	0	– (6)	– (3)

注：符号"＋"表示相对于 TCI，使用 TCIP 重新对站点进行排序后，排位数增加，符号"－"表示相对于 TCI，使用 TCIP 重新对站点进行排序后，排位数减少，括号中数字表示增加成减少的排位数，0 表示排位数没有发生变化。

除氧含量外，太阳辐射和 TCI 指数也与海拔高度显著相关。TCI、氧含量和海拔高度的偏相关系数分别为 – 0.678（$P < 0.05$）和 – 0.997（$P < 0.01$）。然而，许多因素，如云覆盖范围、海拔高度和气溶胶的存在，都会影响全球太阳辐射到达地球表面的能力（Jin et al.，2022）。相关研究表明，影响青藏高原太阳辐射的主要因素是局部云量和海拔高度（Li et al.，2011）。因此，太阳辐射与海拔高度的偏相关系数为 0.468（$P < 0.05$），可见，其他因素的影响仍需进一步探究。在低海拔地区，氧含量和太阳辐射对气候舒适度的影响很小，因此 TCI 指数得出的评价结果更准确。然而，在高海拔地区，氧气含量和太阳辐射的影响不容忽视（Liu et al.，2022）。TCI 指数没有包含高海拔引起的特殊指标，这决定了它可以在低海拔地区使用，但不适合评估高原旅游气候的舒适性。本研究改进了高海拔地区的气候舒适性模型，在评估旅游气候舒适性时，TCIP 指数从不同角度考虑高原高海拔的特征，对于评估高海拔地区的旅游气候条件更适用。

第 8 章
大香格里拉地区宜居性评价

宜居性是当今世界影响社会的热点话题之一。总的来说，宜居性是对环境和生活质量关注的结合（Li et al.，2020）。城市旅游业与宜居性密切相关。旅游业是建立在宜居基础上打造的产业。满意的工作、理想的收入和优美的环境必然会带来健康的身心，这必然会带动高层次的精神需求——旅游。一个拥有丰富旅游资源和美丽生态环境的宜居城市，可以依靠其生态和资源优势，整合观光、休闲、美食，扩大和加强旅游业，延伸产业链培育新的经济增长点，并将潜在的生态和资源优势转化为真正的旅游业优势。总之，宜居是旅游业发展的前提，旅游业是对宜居的提升（骆高远，2009）。

随着全球变暖的加剧，许多地区的气候条件正发生着深刻的变化，这可能会影响城市的宜居性（Liang et al.，2020）。就宜居性而言，自然系统是人类居住区的基础，气候变化是自然系统中的一个重要因素，对人类居住区许多方面都有重大影响（Zhou et al.，2022）。例如，气候变化直接威胁城市生态和建筑环境，带来高温和洪水等自然灾害风险。同时，相应的适应措施，也改变了城市的生活方式和生产方式，对城市宜居性产生了重要影响（Shi et al.，2022）。气候宜居性是指基于普遍气候条件和其他与气候相关的环境条件，适合人类居住的地区（Wang et al.，2021b）。鉴于气候变化，近年来宜居城市的气候相关指标越来越受到学者的关注。

就宜居性而言，到目前为止，大多数宜居性研究都集中于城市系统的社会和经济组成部分，较少关注气候宜居性。2018 年以来，我国部分地区逐步开展了生态气候宜居方向的建设和评定工作。2018 年 4 月，陕西省商洛市开展了"创建中国生态气候康养宜居地"工作，主要评估气候舒适性综合评价指标及生态景区数量等生态关联指标是否达到相关要求等。2018 年 5 月，中国气候宜居高峰研讨会通过对浙江省建德市气候生态环境的评价，将建德市评为"中国首个气候宜居城市"。同时，国家气候中心也从气候禀赋、生态环境、气候舒适度、气候景观、气候风险等方面将建德市评价为"国家气候标志"城市（史有瑜 等，2019）。目前，我国已有多个市（县）获评"中国气候宜居城市""国家气候标志"，但关于气候宜居的研究文献较少。目前仅发现 Li 等（2020）使用中国过去 10 a 的城市统计数据和气象站数据分析了气候变化对城市宜居性的影响。Shi 等（2022）以中国为例，探讨了气候变化下城市灾害影响和适应过程中城市宜居性的变化。Wang 等（2021）使用 18 个气候指标和气候相关变量构建了一个指数，以根据当前气候条件评估中国城市的宜居性，所得指数也可用于调查近期和未来气候变化对宜居性的影响。气候是影响宜居性的重要因素，气候舒适性是宜居性评价的重要依据（史有瑜 等 2019）。

　　本章根据国家标准与相关文献构建了大香格里拉地区气候宜居评价模型和宜居指标体系（参见 2.2.7 节），解析了大香格里拉地区宜居水平时空动态。一方面能弥补该地区宜居性研究的空白，从而丰富宜居性评价的理论体系和技术工具，另一方面则为人居环境气候评价和旅游宜居城市的建设提供参考依据。

8.1　气候宜居性评估

8.1.1　气候宜居指数及其关键指数的时间趋势分析

　　大香格里拉地区气候宜居指数及其关键指数变化趋势如图 8.1 所示。从图中可以看出，40 a 来，4 个指数在年尺度上都有显著增长趋势（$P < 0.05$）。就趋势幅度而言，气候生态环境指数的变化率高于其他指数，呈 $0.00435 \ a^{-1}$ 的显著增长趋势（图 8.1c）。气候宜居禀赋指数的变化率最小，呈 $0.000186 \ a^{-1}$ 的显著增长趋势（图 8.1a）。气候不利条件指数呈 $0.000779 \ a^{-1}$ 的显著增长趋势（图 8.1b），在一定程度上，不利于大香格里拉地区的气候宜居性。但总体而言，大香格里拉地区的气候宜居性稳步提升，气候宜居指数呈 $0.00157 \ a^{-1}$ 的显著增长趋势（图 8.1d）。

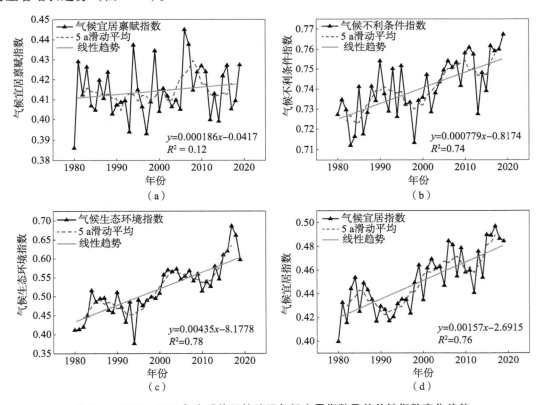

图 8.1　1980—2019 年大香格里拉地区气候宜居指数及其关键指数变化趋势

8.1.2　气候宜居指数及其关键指数的空间分布特征

就空间格局而言（图 8.2），使用 IDW 插值可视化气候宜居指数及其关键指数，采用自然间断点法将每个指数分为 5 级。图 8.2a 显示，气候宜居禀赋指数在大香格里拉地区南部有较高的分布水平。图 8.2b 显示，大香格里拉地区气候不利条件指数较高的区域主要分布在西部地区。图 8.2c 显示了大香格里拉地区气候生态环境指数良好的地区主要分布在区域南部和西部边缘。图 8.2d 为气候宜居指数的最终结果，呈现出从南向北逐渐减少的格局，高值出现在贡山、会理、华坪等东南区域，低值出现在林芝、波密、昌都等西北区域。

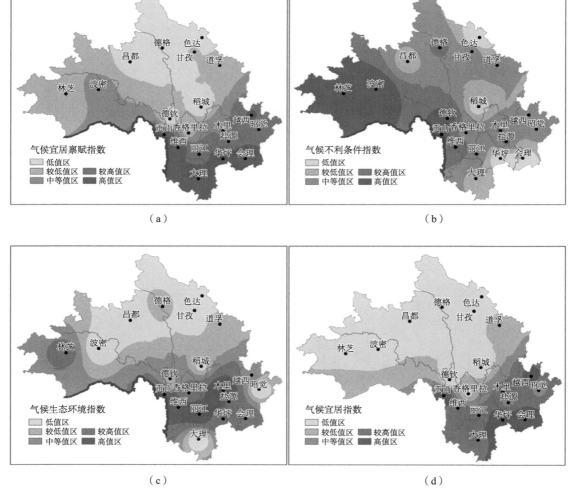

图 8.2　采用自然间断点法对大香格里拉地区气候宜居指数及其关键指数进行分级

8.2　宜居性综合评价

　　从图 8.3 可以清楚地看出，大理和丽江宜居性指数最好，其次是会理。宜居性较差的地区集中在大香拉里拉地区北部。总体而言，截至 2019 年，每个地区的宜居水平都有逐年提高的趋势。从变化幅度来看（图 8.4），甘孜、道孚、稻城、维西、大理、丽江变化幅度在 2018—2019 年达 5 a 来最高，德钦、木里变化幅度在 2016—2017 年达 5 a 来最高。2015—2016 年以及 2017—2018 年，各城市变化幅度均较小。

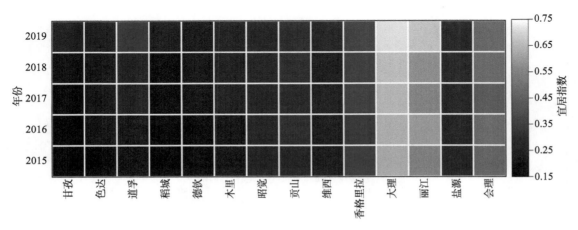

图 8.3　大香格里拉地区宜居性指数热图

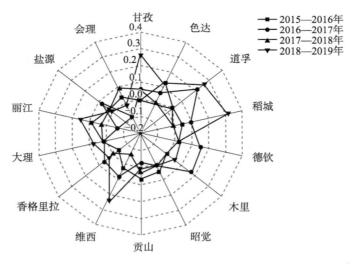

图 8.4　大香格里拉地区典型县（市）不同年份宜居指数变化幅度

8.3　宜居指数的影响因素分析

8.3.1　分异及因子探测

使用地理探测器（见 2.2.9 节）之分异及因子探测计算每个影响因子对宜居性的影响强度（表 8.1）。10 个影响因子通过了 0.01 的显著性检验。对宜居性空间分异的解释力 > 0.1 的因子从大到小排序依次为：人口密度（X_{13}）（0.8282）> 城市化率（X_{14}）（0.8020）> 3A 及以上景区数量（X_8）（0.7200）> 人均社会消费品零售总额（X_5）（0.6563）> 旅游总接待量（X_7）（0.6026）> 中小学生在校人数（X_{10}）（0.5969）> 每千人卫生机构床位数（X_{12}）（0.5227）> 人均国内生产总值/（元）（X_9）（0.4081）> 气候宜居禀赋（X_1）（0.3055）> 气候舒适度（X_4）（0.2998），可以看出，气候因素的解释力相对较弱。

表 8.1　2015—2019 年地理探测器对宜居水平影响因素的解释力

影响因子	q 值	P 值	影响因子	q 值	P 值
X_1	0.3055 **	0.0028	X_8	0.7200 **	0.000
X_2	0.0593	0.8138	X_9	0.4081 **	0.0039
X_3	0.0311	0.7801	X_{10}	0.5969 **	0.000
X_4	0.2998 **	0.000	X_{11}	0.2342	0.1135
X_5	0.6563 **	0.000	X_{12}	0.5227 **	0.0041
X_6	0.0721	0.5854	X_{13}	0.8282 **	0.000
X_7	0.6026 **	0.0025	X_{14}	0.8020 **	0.000

注：q 值表示影响因子 X 对宜居性的影响强度，** 表示 $P < 0.01$，具有显著相关性。

8.3.2　交互探测

使用交互探测器对宜居水平的影响因素进行交互探测，得到影响因子的交互探测结果和交互类型（表 8.2）。从表中可以看出，双因子相互作用的驱动力强于单因子相互作用。气候因素与其他因素的相互作用类型主要是非线性增强，而社会经济因素（第三产业占 GDP 的比例除外）的相互作用主要是双因子增强。与单因素效应相比，当每个影响因子与其他因子相互作用时，其 q 值都会不同程度地增加。其中，气候生态环境（X_3）对因子相互作用的影响最强，与气候生态环境相互作用的其他因子的 q 值比单一效应增加了数倍。气候不利条件（X_2）对因子相互作用的影响仅次于气候生态环境，当与其他影响因子相互作用时，q 值与单独作用时相比增长了数倍。从相互作用类型来看，当气候舒适度（X_4）与 3A 及以上景区数量（X_8）相互作用时，对宜居性的解释最强，达到 0.96。

表 8.2　影响因素交互探测结果

q 值	X_1	X_2	X_3	X_4	X_5	X_6	X_7	X_8	X_9	X_{10}	X_{11}	X_{12}	X_{13}	X_{14}
X_1	0.31													
X_2	0.54	0.06												
X_3	0.63	0.28	0.03											
X_4	0.41	0.5	0.61	0.3										
X_5	0.92	0.76	0.86	0.94	0.66									
X_6	0.51	0.24	0.33	0.61	0.84	0.07								
X_7	0.88	0.65	0.89	0.92	0.68	0.75	0.6							
X_8	0.93	0.8	0.87	0.96	0.81	0.89	0.73	0.72						
X_9	0.81	0.65	0.71	0.84	0.74	0.62	0.75	0.8	0.41					
X_{10}	0.72	0.71	0.66	0.69	0.87	0.76	0.88	0.94	0.79	0.6				
X_{11}	0.76	0.45	0.43	0.7	0.92	0.71	0.92	0.94	0.89	0.69	0.23			
X_{12}	0.84	0.67	0.76	0.85	0.81	0.75	0.79	0.91	0.85	0.88	0.7	0.52		
X_{13}	0.9	0.88	0.86	0.92	0.94	0.91	0.86	0.94	0.93	0.86	0.92	0.87	0.83	
X_{14}	0.89	0.85	0.87	0.92	0.86	0.9	0.87	0.87	0.87	0.91	0.9	0.86	0.88	0.8

注：浅灰色填充表示单因素相互作用，灰色填充表示相互作用类型的双因素增强，深灰色表示相互作用型的非线性增强。

8.4　小　结

（1）就时间趋势而言，大香格里拉地区气候宜居性逐年提升。气候宜居禀赋、气候不利条件、气候生态环境 3 个关键指数与气候宜居指数变化趋势具有同步性，但气候不利因素在一定程度上影响了该地区气候宜居性的变化。从空间分布来看，大香格里拉地区的东南部为气候宜居指数的高值区，并呈现出从东南向西北逐渐减少的格局。气候宜居禀赋与气候生态环境指数与该指数分布趋势一致，东南部也恰为气候不利条件指数的低值区。

（2）2015—2019 年，14 个城市的宜居水平呈现出逐年上升的趋势。尽管社会经济因素主要决定了该地区的宜居性，但气候因素在一定程度上会增强或削弱这种影响。

8.5　讨　论

8.5.1　气候宜居的评估方法

近几十年来，宜居性越来越受到关注。学者们逐渐关注宜居城市或可持续城市的研究，并讨论了宜居区域和城市的基本属性和目标。宜居性可以被视为人类和定居点之间的互动。从本质上讲，它是环境和居民生活质量的结合。随着社会与经济的不断发展，人们对环境和生活质量的要求也在不断提高。换句话说，宜居性是一个相对的概念，没有固定的形式，与发展阶段密切相关。就现阶段而言，气候变化为全球宜居性带来巨大的挑战。然而，与对城市系统的社会和经济组成部分的关注相比，对气候宜居性研究相对较少。本章以日尺度的气象观测数据为基础，从气候宜居禀赋、气候不利条件、气候生态环境和气候舒适度 4 个方面构建了气候宜居指数，对大香格里拉地区气候宜居性进行定量评价。利用多种统计学方法对气候宜居性的时空特征及其关键指数进行了评估。与理论研究相比，统计学分析为揭示气候条件是否符合城市宜居性提供了更直接的证据。

此外，本章使用所有三级指标标准化计算权重，综合得出气候宜居指数结果，并与二级指标进行加权综合计算得出的结果进行比较，发现时空变化趋势相似，即不同标准化方法计算权重对气候宜居指数的结果没有影响。空间趋势仍为从东南向西北递减（图 8.5a），气候宜居指数在年尺度上仍有显著的增长趋势（$P < 0.05$）（图 8.5b）。分析结果基本符合当地的实际情况。在一定程度上，这是对气候宜居性评价理论和实证的扩展。因此，可以推广评估框架，并将指标体系应用于其他类似地区，根据实际情况变化引入不同的指标。

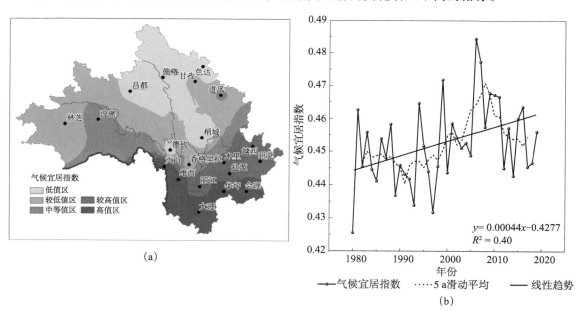

图 8.5　大香格里拉地区气候宜居指数空间分布（a）和时间趋势（b）

8.5.2　影响因素

毋庸置疑，过去 10 a，中国城市发展阔步前进，宜居性显著提高。作为一项探索性研究，在对大香格里拉地区气候宜居性综合评估的基础上，确定了关键指数，增加了社会经济指标，构建了综合宜居指标体系，以促进城市宜居性的定量评估。我们的研究结果表明，大香格里拉地区的城市宜居指数增长了约 25%。因此，社会经济因素对城市宜居性仍然至关重要，这可能与城市发展水平有关。与丽江和大理等城市相比，许多城市发展仍然滞后，基础设施不完善，服务也相应不足。加强城市经济发展将带来更大的经济效益，可以进一步改善该地区的生活环境质量。

8.5.3　局限与前景

本章仍然是一项初步性和探索性研究，仍然存在一些不足。首先，气候宜居指标体系需要进一步完善，受数据可用性的限制，仍然缺乏更好的反映气候生态环境和气候景观的指标。其次，在综合宜居性评估方面，为了尽可能确保数据的完整性，只收集了完整 5 a 数据，14 个城市的面板数据。此外，方法上也存在一些局限性，仅使用地理探测器作为一个整体来探索影响宜居性的关键因素，而无法在较小的尺度（县级）规模上对其进行分析。尽管社会经济发展可能是宜居性变化的首要因素，但仍需关注气候变化对城市宜居性的影响。例如，极端高温对城市的宜居性和可持续性构成威胁。随着气候变化加剧城市热岛和干岛效应凸显，预计未来极端高温事件的频率将增加（Larsen，2015）。未来，探索大香格里拉地区城市宜居变化与各类极端天气事件之间的相关性及未来气候变化背景下城市气候舒适度和宜居性是非常迫切和亟需的。

参考文献

卞耀劲，孙鹏，张强，等，2021. 横断山区极端气候变化的时空格局［J］. 水利水电技术，52（9）：1 – 15.

柏玲，刘祖涵，陈忠升，等，2017. 开都河源流区径流的非线性变化特征及其对气候波动的响应［J］. 资源科学，39（08）：1511 – 1521.

蔡宏珂，赵漾，陈欢欢，等，2021. AIRS 探测的我国西南地区水汽时空分布特征［J］. 西南大学学报（自然科学版），43（05）：152 – 161.

曹永强，郭明，刘思然，等，2018. 近 55 a 辽宁省风速时空变化特征分析［J］. 干旱区地理，41（1）：1 – 8.

柴素盈，曹言，窦小东，等，2020. 1964—2017 年南盘江流域主要极端气候事件时空演变特征［J］. 水土保持研究，27（1）：151 – 160.

陈红光，李晓宁，李晨洋，2021. 基于变异系数熵权法的水资源系统恢复力评价——以黑龙江省 2007—2016 年水资源情况为例［J］. 生态经济，2021（001）：037.

陈少勇，张康林，邢晓宾，等，2010. 中国西北地区近 47 a 日照时数的气候变化特征［J］. 自然资源学报，25（07）：1142 – 1152.

陈星任，杨岳，何佳男，等，2020. 近 60 年中国持续极端降水时空变化特征及其环流因素分析［J］. 长江流域资源与环境，29（9）：2068 – 2081.

程清平，王平，谭小爱，2017. 梅里雪山气候变化与旅游气候舒适度评价［J］. 西南师范大学学报（自然科学版），42（02）：70 – 77.

程清平，王平，2018. 基于 RDI 指数的云南 1960 ~ 2013 年旱涝变化特征分析［J］. 长江流域资源与环境，27（1）：185 – 196.

丛艺，2022. 大香格里拉地区保护地空间格局与国家公园群建设［D］. 上海：上海师范大学.

邓雪娇，周秀骥，吴兑，等，2011. 珠江三角洲大气气溶胶对地面臭氧变化的影响［J］. 中国科学：地球科学，41（01）：93 – 102.

范磊，吕爱锋，张文翔，2021. 青海省干旱时空特征及与大气环流响应关系［J］. 干旱区资源与环境，35（12）：60 – 65.

范帅邦，肖春柳，曹永强，等，2021. 1964—2019 年辽宁省平均风速时空演变特征及其影响因素［J］. 地理科学，41（4）：717 – 727.

范晓辉，郝智文，王孟本，2010. 山西省近 50 年日照时数时空变化特征研究［J］. 生态环境学报，19（03）：605 – 609.

冯定原，邱新法，1990. 我国各地四季感热温度的计算和分析 [J]. 大气科学学报，013（001）：71 – 80.

符传博，丹利，吴涧，等，2013. 近 46 年西南地区晴天日照时数变化特征及其原因初探 [J]. 高原气象，32（06）：1729 – 1738.

付建新，曹广超，李玲琴，等，2018. 1960—2014 年祁连山日照时数时空变化特征 [J]. 山地学报，36（05）：709 – 721.

韩梅，杨利民，王少江，等，2003. 吉林省中西部半干旱地区近 50 年的降水与空气湿度变化 [J]. 吉林农业大学学报，2003（04）：425 – 428.

洪美玲，何士华，2019. 1961—2010 年怒江流域降雨时空变化 [J]. 水土保持研究，26（3）：248 – 252.

胡豪然，毛晓亮，梁玲，2009. 近 50 年四川盆地汛期极端降水事件的时空演变 [J]. 地理学报，64（3）：278 – 288.

黄维，杨春友，张和喜，等，2017. 贵州省极端气候时空演变分析 [J]. 人民长江，48（S1）：109 – 114 + 159.

霍华丽，刘普幸，张克新，2011. 宁夏日照时数的时空变化特征分析 [J]. 中国沙漠，31（02）：521 – 524.

贾诗超，陈晓梅，宋义和，等，2019. 1970—2013 年新疆地区风速变化特征分析 [J]. 鲁东大学学报（自然科学版），35（04）：352 – 359 + 380.

贾占华，谷国锋，2017. 东北地区城市宜居性评价及影响因素分析——基于 2007—2014 年面板数据的实证研究 [J]. 地理科学进展，36（07）：832 – 842.

蒋冲，王飞，刘焱序，等，2013. 秦岭南北风速时空变化及突变特征分析 [J]. 地理科学，33（02）：244 – 250.

康韵婕，杨建平，哈琳，等，2022. 冰冻圈旅游经济区发展水平及影响因素分析——以大香格里拉地区为例 [J]. 世界地理研究，31（05）：1083 – 1095.

李瀚，韩琳，贾志军，等，2016. 中国西南地区地面平均相对湿度变化分析 [J]. 高原山地气象研究，36（04）：42 – 47.

李金建，缪启龙，2007. 西南地区夏半年降水的多时空尺度特征 [J]. 气象与减灾研究，30（4）：14 – 19.

李矜霄，何萍，钟瑞，等，2014. 近 50 年云贵高原楚雄市日照时数变化特征及其成因分析 [J]. 高原气象，33（02）：407 – 412.

李帅，魏虹，倪细炉，等，2014. 基于层次分析法和熵权法的宁夏城市人居环境质量评价 [J]. 应用生态学报，2014（009）：025.

李亚飞，刘高焕，2011. 大香格里拉地区植被空间分布的环境特征 [J]. 自然资源学报，26（08）：1353 – 1363.

李悦佳，贺新光，卢希安，等，2018. 1960 — 2015 年长江流域风速的时空变化特征 [J]. 热带地理，38（5）：660 – 667.

刘琳，徐宗学，2014. 西南 5 省市极端气候指数时空分布规律研究 [J]. 长江流域资源与环境，23（2）：294 – 301.

刘晓笛，李宝富，廉丽姝，2017. 1960—2012 年山东省近地面和高空相对湿度时空变化特征[J]. 水土保持通报，37（05）：218 – 223.

刘晓琼，孙曦亮，刘彦随，等，2020. 基于 REOF-EEMD 的西南地区气候变化区域分异特征[J]. 地理研究，39（05）：1215 – 1232.

刘晓冉，李国平，范广洲，等，2008. 西南地区近 40 a 气温变化的时空特征分析[J]. 气象科学，2008（01）：30 – 36.

卢爱刚，2013. 全球变暖对中国区域相对湿度变化的影响[J]. 生态环境学报，22（8）：1378—1380.

骆高远，2009. 宜居城市与城市旅游的互动研究——以浙江省金华市为例[J]. 经济地理，29（4）：6.

马伟东，刘峰贵，周强，等，2020. 1961—2017 年青藏高原极端降水特征分析[J]. 自然资源学报，35（12）：3039 – 3050.

马振锋，彭骏，高文良，等，2006. 近 40 年西南地区的气候变化事实[J]. 高原气象，（4）：633 – 642.

齐庆华，蔡榕硕，2017. 中国大陆东部相对湿度变化与海陆热力差异的关联性初探[J]. 高原气象，36（06）：1587 – 1594.

任国玉，郭军，徐铭志，等，2005. 近 50 年中国地面气候变化基本特征[J]. 气象学报，2005（06）：942 – 956.

邵骏，吕孙云，钱晓燕，等，2011. 基于总体经验模态分解的水文序列多尺度分析[J]. 华中科技大学学报（自然科学版），39（11）：105 – 108 + 124.

史有瑜，曹晓霞，王秀玲，等，2019. 河北省城市生态气候宜居性评估[J]. 气象与环境科学，42（03）：102 – 109.

苏锦兰，宋金梅，2020. 横断山脉纵向岭谷地区短时强降水时空分布特征[J]. 高原山地气象研究，40（1）：23 – 29.

孙琨，闵庆文，成升魁，等，2014. 大香格里拉地区旅游供需比较性分析[J]. 资源科学，36（02）：245 – 251.

田昆，贝荣塔，常凤来，等，2004. 香格里拉大峡谷土壤特性及其人为活动影响研究[J]. 土壤，2004（02）：203 – 207.

王金亮，王平，1999. 香格里拉旅游气候的适宜度[J]. 热带地理，19（3）：5.

王劲峰，徐成东，2017. 地理探测器：原理与展望[J]. 地理学报，72（01）：116 – 134.

王楠，游庆龙，刘菊菊，2019. 1979—2014 年中国地面风速的长期变化趋势[J]. 自然资源学报，34（7）：1531 – 1542.

王宇，延军平，吴梦初，等，2014. 云南省近 44 年日照时数时空变化及其影响因素分析[J]. 云南大学学报（自然科学版），36（03）：392 – 399.

蔚丹丹，李山，张粮锋，等，2021. 旅游气候舒适性评价：模型优化与中国案例[J]. 旅游学刊，36（05）：14 – 28.

吴舒祺，赵文吉，杨阳，等，2021. 基于小波变换的长江中下游地区极端降水与大气环流响应关系研究[J]. 水资源与水工程学报，32（4）：67 – 76.

夏丽丽，苏华，2020. 基于多种分布对云南山区风速的综合评估[J]. 重庆工商大学学报

（自然科学版），37（6）：48 – 55.

向辽元，陈星，黎翠红，等，2007. 近 55 年中国大陆地区降水突变的区域特征［J］. 暴雨灾害，（2）：149 – 153.

肖风劲，张旭光，廖要明，等，2020. 中国日照时数时空变化特征及其影响分析［J］. 中国农学通报，36（20）：92 – 100.

邢丽珠，张方敏，黄进，等，2020. 1961 – 2018 年内蒙古风速变化及影响因素分析［J］. 干旱区资源与环境，34（11）：162 – 168.

徐柯健，张百平，2008. 大香格里拉地区自然与文化多样性［J］. 山地学报，2008（02）：212 – 217.

徐柯健，2008a. 香格里拉地区的自然与人文多样性及发展模式［D］. 北京：中国地质大学.

徐柯健，2008b. 大香格里拉地区旅游开发模式比较分析［J］. 地理科学进展，2008（03）：134 – 140.

徐荣潞，李宝富，廉丽姝，2020. 1960—2015 年西北干旱区相对湿度时空变化与气候要素的定量关系［J］. 水土保持研究，27（06）：233 – 239 + 246.

徐岩岩，常军，2017. 基于 EEMD 方法的河南省倒春寒时空分布分析［J］. 气象与环境科学，40（03）：28 – 32.

徐用兵，雷秋良，周脚根，等，2020. 1960 – 2015 年云南省极端气候指数变化特征研究［J］. 中国农业资源与区划，41（11）：15 – 27.

徐宗学，赵芳芳，2005. 黄河流域日照时数变化趋势分析［J］. 资源科学，2005（05）：153 – 159.

薛春芳，侯威，赵俊虎，等，2013. 集合经验模态分解在区域降水变化多尺度分析及气候变化响应研究中的应用［J］. 物理学报，62（10）：109203.

杨小梅，安文玲，张薇，等，2012. 中国西南地区日照时数变化及影响因素［J］. 兰州大学学报（自然科学版），48（05）：52 – 60.

杨小明，2013. 大香格里拉旅游业发展竞合关系研究［J］. 地域研究与开发，32（03）：72 – 76.

杨晓新，2022. 水体稳定同位素在青藏高原大气环流研究中的应用［J］. 地球科学进展，37（01）：87 – 98.

游庆龙，康世昌，闫宇平，等，2009. 近 45 年雅鲁藏布江流域极端气候事件趋势分析［J］. 地理学报，64（5）：592 – 600.

张克新，潘少明，曹立国，2014. 1961—2010 年河西地区平均风速时空变化趋势分析［J］. 地理科学，34（11）：1404 – 1408.

张凌云，2009. 非惯常环境：旅游核心概念的再研究——建构旅游学研究框架的一种尝试［J］. 旅游学刊，24（07）：12 – 17.

张山清，普宗朝，李景林，2013. 近 50 年新疆日照时数时空变化分析［J］. 地理学报，68（11）：1481 – 1492.

张曦月，姜超，孙建新，等，2018. 气候舒适度在不同海拔的时空变化特征及其影响因素［J］. 应用生态学报，29（9）：11.

张仪辉，刘昌明，梁康，等，2022. 雅鲁藏布江流域降水时空变化特征［J］. 地理学报，77（3）：603 – 618.

张运林，秦伯强，陈伟民，等，2003. 太湖无锡地区近40a来日照的变化特征分析 [J]. 气象科学，2003（02）：231 – 237.

张志斌，杨莹，张小平，等，2014. 我国西南地区风速变化及其影响因素 [J]. 生态学报，34（2）：471 – 481.

AKINBODE O M, ELUDOYIN A O, FASHAE O A, 2008. Temperature and relative humidity distributions in a medium-size administrative town in southwest Nigeria [J]. Journal of Environmental Management, 87（1）：95 – 105.

ALIJANI S, POURAHMAD A, NEJAD H H, et al, 2020. A new approach of urban livability in Tehran：Thermal comfort as a primitive indicator. Case study, district 22 [J]. Urban Climate, 33：100656.

AMIRANASHVILI A G, CHARGAZIA K Z, MATZARAKIS A, 2015. Comparative characteristics of the tourism climate index in the south Caucasus Countries Capitals（Baku, Tbilisi, Yerevan）[J]. Journals of Georgian Geophysical Society, 17：14 – 25.

ANĐELKOVIĆ G, PAVLOVIĆ S, ĐURĐIĆ S, et al, 2016. Tourism climate comfort index（TCCI）-an attempt to evaluate the climate comfort for tourism purposes：the example of Serbia [J]. Global NEST Journal, 18（3）：482 – 493.

ATZORI R, FYALL A, MILLER G, 2018. Tourist responses to climate change：Potential impacts and adaptation in Florida's coastal destinations [J]. Tourism Management, 69：12 – 22.

AZORIN-MOLINA C, VICENTE-SERRANO S M, MCVICAR T R, et al, 2014. Homogenization and assessment of observed near-surface wind speed trends over Spain and Portugal, 1961—2011 [J]. Journal of Climate, 27（10）：3692 – 3712.

BARTOSZEK K, MATUSZKO D, WĘGLARCZYK S, 2021. Trends in sunshine duration in Poland（1971—2018）[J]. International Journal of Climatology, 41（1）：73 – 91.

BASARIN B, KRŽIČ A, LAZIĆ L, et al, 2014. Evaluation of bioclimate conditions in two special nature reserves in Vojvodina（Northern Serbia）[J]. Carpathian Journal of Earth and Environmental Sciences, 9（4）：93 – 108.

CAI J, LIU Y, LEI T, et al, 2007. Estimating reference evapotranspiration with the FAO Penman-Monteith equation using daily weather forecast messages [J]. Agricultural and Forest Meteorology, 145（1 – 2）：22 – 35.

CAI X, WANG X, JAIN P, et al, 2019. Evaluation of gridded precipitation data and interpolation methods for forest fire danger rating in Alberta, Canada [J]. Journal of Geophysical Research：Atmospheres, 124（1）：3 – 17.

CHARLIER J B, LADOUCHE B, MARECHAL J C, 2015. Identifying the impact of climate and anthropic pressures on karst aquifers using wavelet analysis [J]. Journal of Hydrology, 523：610 – 623.

CHEN D, LIU W, HUANG F, et al, 2020. Spatial-temporal characteristics and influencing factors of relative humidity in arid region of Northwest China during 1966—2017 [J]. Journal of Arid Land, 12（03）：397 – 412.

CHEN Y, WANG X, HUANG L, et al, 2021. Spatial and temporal characteristics of abrupt heavy rainfall events over Southwest China during 1981 – 2017 [J]. International Journal of Climatology, 41 (5): 3286 – 3299.

CHENG Q, GAO L, CHEN Y, et al, 2018. Temporal-spatial characteristics of drought in Guizhou Province, China, based on multiple drought indices and historical disaster records [J]. Advances in Meteorology, 2018: 4721269.

CHENG Q, ZHONG F, 2019. Evaluation of tourism climate comfort in the Grand Shangri-La region [J]. Journal of Mountain Science, 16 (6): 1452 – 1469.

CUI Y, FENG P, JIN J, et al, 2018. Water resources carrying capacity evaluation and diagnosis based on set pair analysis and improved the entropy weight method [J]. Entropy, 20 (5): 359.

DAI J, CHEN J, LUO Z, et al, 2023. Coping with giant panda nature reserve protection dilemmas in China: Social capital's role in forest conservation [J]. Global Ecology and Conservation, 42: e02379.

DE FREITAS C R, SCOTT D, MCBOYLE G, 2008. A second generation climate index for tourism (CIT): Specification and verification [J]. International Journal of biometeorology, 52: 399 – 407.

DENDIR Z, BIRHANU B S, 2022. Analysis of observed trends in daily temperature and precipitation extremes in different agroecologies of gurage zone, Southern Ethiopia [J]. Advances in Meteorology, 2022: ZD4745123.

DI NAPOLI C, PAPPENBERGER F, CLOKE H L, 2018. Assessing heat-related health risk in Europe via the Universal Thermal Climate Index (UTCI) [J]. International journal of biometeorology, 62: 1155 – 1165.

FENG Q, LI Z, LIU W, et al, 2016. Relationship between large scale atmospheric circulation, temperature and precipitation in the Extensive Hexi region, China, 1960—2011 [J]. Quaternary International, 392: 187 – 196.

FOUNDA D, KALIMERIS A, PIERROS F, 2014. Multi annual variability and climatic signal analysis of sunshine duration at a large urban area of Mediterranean (Athens) [J]. Urban Climate, 10: 815 – 830.

GAN Z, GUAN X, KONG X, et al, 2019. The key role of Atlantic Multidecadal Oscillation in minimum temperature over North America during global warming slowdown [J]. Earth and Space Science, 6 (3): 387 – 397.

GAFFEN D J, ROSS R J, 1999. Climatology and trends of U. S. surface humidity and temperature [J]. Journal of Climate, 12 (3): 811 – 829.

GE J, FENG D, YOU Q, et al, 2021. Characteristics and causes of surface wind speed variations in Northwest China from 1979 to 2019 [J]. Atmospheric Research, 254: 105527.

GEDNEY N, COX P M, BETTS R A, et al, 2006. Detection of a direct carbon dioxide effect in continental river runoff records [J]. Nature, 439 (7078): 835 – 838.

GOH C, 2012. Exploring impact of climate on tourism demand [J]. Annals of Tourism Research, 39 (4): 1859 – 1883.

GRILLAKIS M G, KOUTROULIS A G, SEIRADAKIS K D, et al, 2016. Implications of 2 ℃ global warming in European summer tourism [J]. Climate services, 1: 30 – 38.

GRINSTED A, MOORE J C, JEVREJEVA S, 2004. Application of the cross wavelet transform and wavelet coherence to geophysical time series [J]. Nonlinear processes in geophysics, 11 (5/6): 561 – 566.

GUO H, XU M, HU Q, 2011. Changes in near-surface wind speed in China: 1969—2005 [J]. International Journal of Climatology, 31 (3): 349 – 358.

HAO Y, ZHANG J, WANG J, et al, 2016. How does the anthropogenic activity affect the spring discharge? [J]. Journal of Hydrology, 540: 1053 – 1065.

HAMED K H, 2008. Trend detection in hydrologic data: the Mann-Kendall trend test under the scaling hypothesis [J]. Journal of hydrology, 349 (3 – 4): 350 – 363.

HAMED K H, RAO A R, 1998. A modified Mann-Kendall trend test for autocorrelated data [J]. Journal of hydrology, 204 (1 – 4): 182 – 196.

HANCE M, 2010. Drought crippling southwest China, millions without drinking water [EB/OL]. [2010 – 03 – 22] http: //www. enn. com/climate/article/41148 china drought. html.

HE Y, WANG K, ZHOU C, et al, 2018. A revisit of global dimming and brightening based on the sunshine duration [J]. Geophysical Research Letters, 45 (9): 4281 – 4289.

HOUGHTON F C, YAGLOU C P, 1923. Determining lines of equal comfort [J]. Journal of the American Society Heating and Ventilation Engineers, 29: 163 – 176.

HUANG N E, SHEN Z, LONG S R, 1999. A new view of nonlinear water waves: the Hilbert spectrum [J]. Annual review of fluid mechanics, 31 (1): 417 – 457.

IPCC. Climate change 2021: the physical science basis [M/OL]. 2021 [2021 – 08 – 01]. https: //www. ipcc. ch/report/ar6/wg1/downloads/report/IPCC_AR6_WGI_Full_Report. pdf. .

ISLAM H M T, ISLAM A R M T, ABDULLAH-AL-MAHBUB M, et al, 2021. Spatiotemporal changes and modulations of extreme climatic indices in monsoon-dominated climate region linkage with large-scale atmospheric oscillation [J]. Atmospheric Research, 264: 105840.

JENDRITZKY G, DE DEAR R, HAVENITH G, 2012. UTCI—why another thermal index? [J]. International Journal of Biometeorology, 56: 421 – 428.

JEURING J, BECKEN S, 2013. Tourists and severe weather-An exploration of the role of'Locus of Responsibility'in protective behavior decisions [J]. Tourism Management, 37: 193 – 202.

JIN L, LI Z, HE Q, et al, 2022. Variation in Surface Solar Radiation and the Influencing Factors in Xinjiang, Northwestern China [J]. Advances in Meteorology.

JUNG C, SCHINDLER D, 2020. The annual cycle and intra-annual variability of the global wind power distribution estimated by the system of wind speed distributions [J]. Sustainable Energy Technologies and Assessments, 42: 100852.

KOUTSOYIANNIS D, 2003. Climate change, the Hurst phenomenon, and hydrological statistics [J]. Hydrological Sciences Journal, 48 (1): 3 – 24.

KOVÁCS A, UNGER J, 2014. Analysis of tourism climatic conditions in Hungary considering the subjective thermal sensation characteristics of the South-Hungarian residents [J]. Acta Climatologica et Chorologica, 47: 77 – 84.

LARSEN L, 2015. Urban climate and adaptation strategies [J]. Frontiers in Ecology and the Environment, 13 (9): 486 – 492

LI L, ZHA Y, 2018a. Mapping relative humidity, average and extreme temperature in hot summer over China [J]. Science of the Total Environment, 615: 875 – 881.

LI R, LIN Z, Ding Y, et al, 2011. A study of the effect of global radiation and other factors on seasonal maximum frozen depth in the Tibetan Plateau [C] //2011 IEEE Power Engineering and Automation Conference. IEEE, 3: 243 – 253.

LI R, CHI X, 2014. Thermal comfort and tourism climate changes in the Qinghai-Tibet Plateau in the last 50 years [J]. Theoretical & Applied Climatology, 117 (3 – 4): 613 – 624.

LI Y, CHEN Y, LI Z, et al, 2018b. Recent recovery of surface wind speed in northwest China [J]. International Journal of Climatology, 38 (12): 4445 – 4458.

LI Y, QIAO L, WANG Q, et al, 2020. Towards the evaluation of rural livability in China: Theoretical framework and empirical case study [J]. Habitat International, 105 (2): 102241.

LIANG L, DENG X, WANG P, et al, 2020. Assessment of the impact of climate change on cities livability in China [J]. Science of The Total Environment, 726 (6): 138339.

LIAO W, WANG X, FAN Q, et al, 2015. Long-term atmospheric visibility, sunshine duration and precipitation trends in South China [J]. Atmospheric Environment, 107: 204 – 216.

LIN C, YANG K, QIN J, et al, 2013. Observed coherent trends of surface and upper-air wind speed over China since 1960 [J]. Journal of Climate, 26 (9): 2891 – 2903.

LIN P, HE Z, DU J, et al, 2017. Recent changes in daily climate extremes in an arid mountain region, a case study in northwestern China's Qilian Mountains [J]. Scientific Reports, 7 (1): 2245.

LIU J, XIN Z, HUANG Y, et al, 2022. Climate suitability assessment on the Qinghai-Tibet Plateau [J]. Science of The Total Environment, 816: 151653.

LU E, TAKLE E S, 2020. Spatial variabilities and their relationships of the trends of temperature, water vapor, and precipitation in the North American Regional Reanalysis [J]. Journal of Geophysical Research: Atmospheres, 115 (D6): 620 – 631.

LU G Y, WONG D W, 2008. An adaptive inverse-distance weighting spatial interpolation technique [J]. Computers & Geosciences, 34 (9): 1044 – 1055.

MA B, ZHANG B, JIA L, et al, 2020. Conditional distribution selection for SPEI-daily and its revealed meteorological drought characteristics in China from 1961 to 2017 [J]. Atmospheric Research, 246: 105108.

MATZARAKIS A, 2007. Assessment method for climate and tourism based on daily data [J]. Developments in Tourism Climatology, 1: 1 – 7.

MANN H B, 1945. Nonparametric tests against trend [J]. Econometrica: Journal of the econometric society, 1945: 245 – 259.

MCVICAR T R, VAN NIEL T G, RODERICK M L, et al, 2010. Observational evidence from two mountainous regions that near-surface wind speeds are declining more rapidly at higher elevations than lower elevations: 1960—2006 [J]. Geophysical Research Letters, 37 (6)

L06402.

MIAO H, DONG D, HUANG G, et al, 2020. Evaluation of Northern Hemisphere surface wind speed and wind power density in multiple reanalysis datasets [J]. Energy, 200: 117382.

MIECZKOWSKI Z, 1985. The tourism climatic index: a method of evaluating world climates for tourism [J]. Canadian Geographer/Le Géographe Canadien, 29 (3): 220 – 233.

MIHĂILĂ D, BISTRICEAN P I, BRICIU A E, 2019. Assessment of the climate potential for tourism. Case study: the North-East Development Region of Romania [J]. Theoretical and Applied Climatology, 137: 601 – 622.

PETTITT A N, 1979. A non-parametric approach to the change-point problem [J]. Journal of the Royal Statistical Society, 28 (2): 126 – 135.

QIN N, WANG J, YANG G, et al, 2015. Spatial and temporal variations of extreme precipitation and temperature events for the Southwest China in 1960—2009 [J]. Geoenvironmental Disasters, 2: 1 – 14.

RAO G V, REDDY K V, SRINIVASAN R, et al, 2020. Spatio-temporal analysis of rainfall extremes in the flood-prone Nagavali and Vamsadhara Basins in eastern India [J]. Weather and Climate Extremes, 29: 100265.

SANCHEZ-LORENZO A, CALBO J, BRUNETTI M, et al, 2009. Dimming/brightening over the Iberian Peninsula: Trends in sunshine duration and cloud cover and their relations with atmospheric circulation [J]. Journal of Geophysical Research: Atmospheres, 114 (D10).

SEN P K, 1968. Estimates of the regression coefficient based on Kendall's tau [J]. Publications of the American Statistical Association, 63 (324): 1379 – 1389.

SHI C, GUO N, ZENG L, et al, 2022. How climate change is going to affect urban livability in China [J]. Climate Services, 26: 100284.

SHI J, CUI L, WANG J, et al, 2019. Changes in the temperature and precipitation extremes in China during 1961—2015 [J]. Quaternary International, 527: 64 – 78.

SONG Y, LIU Y, DING Y, 2012. A study of surface humidity changes in China during the recent 50 years [J]. Acta Meteorologica Sinica, 26 (5): 541 – 553.

SUN Y, LIANG X, XIAO C, 2019. Assessing the influence of land use on groundwater pollution based on coefficient of variation weight method: A case study of Shuangliao City [J]. Environmental Science and Pollution Research, 26: 34964 – 34976.

SURRATT G, ARONOWICZ J, SHINE W, et al, 2004. Change in aqueous tear evaporation with change in relative humidity [J]. Investigative Ophthalmology & Visual Science, 45 (13): 92 – 92.

TORRENCE C, COMPO G P, 1998. A practical guide to wavelet analysis [J]. Bulletin of the American Meteorological society, 79 (1): 61 – 78.

TULLER S E, 2004. Measured wind speed trends on the west coast of Canada [J]. International Journal of Climatology: A Journal of the Royal Meteorological Society, 24 (11): 1359 – 1374.

VAUTARD R, CATTIAUX J, YIOU P, et al, 2010. Northern Hemisphere atmospheric stilling partly attributed to an increase in surface roughness [J]. Nature Geoscience, 3 (11): 756 – 761.

VINCENT L A, VAN WIJNGAARDEN W A, HOPKINSON R, 2007. Surface temperature and humidity trends in Canada for 1953—2005 [J]. Journal of Climate, 20 (20): 5100 – 5113.

WANG H Y, ZHAN L S, 2009. Rainstorm kills 10 in SW China's Chongqing. [EB/OL]. [2009 – 08 – 06] http://www.chinadaily.com.cn/china/2009 – 08/06/content_8534109.htm.

WANG P, HUANG Q, TANG Q, et al, 2021a. Increasing annual and extreme precipitation in permafrost-dominated Siberia during 1959—2018 [J]. Journal of Hydrology, 603: 126865.

WANG Y J, CHEN Y, HEWITT C, et al, 2021b. Climate services for addressing climate change: Indication of a climate livable city in China [J]. Advances in Climate Change Research, 12 (5): 744 – 751.

WU J, ZHANG F, PAN Y, et al, 2018. Spatio-temporal trend analysis of precipitation in Guizhou province based on GIS technology [C] //IOP Conference Series: Earth and Environmental Science. IOP Publishing, 121 (5): 052033.

WU Z H, HUANG N E, 2009. Ensemble empirical mode decomposition: a noise-assisted data analysis method [J]. Advances in Adaptive Data Analysis, 1 (01): 1 – 41.

WU X, WANG P J, MA Y P, et al, 2021. Standardized relative humidity index can be used to identify agricultural drought for summer maize in the Huang-Huai-Hai Plain, China [J]. Ecological Indicators, 131 (5): 108222.

XUE Y, CHENG Q, ZHANG J, et al, 2020. Trends in extreme high temperature at different altitudes of Southwest China during 1961—2014 [J]. Atmospheric and Oceanic Science Letters, 13 (5): 417 – 425.

YAN H, HU X, WU D, et al, 2021. Exploring the green development path of the Yangtze River Economic Belt using the entropy weight method and fuzzy-set qualitative comparative analysis [J]. PLoS One, 16 (12): e0260985.

YAN W, HE Y, CAI Y, et al, 2021. Analysis of spatiotemporal variability in extreme climate and potential driving factors on the Yunnan Plateau (Southwest China) during 1960 – 2019 [J]. Atmosphere, 12 (9): 1136.

YAN Y, YUE S, LIU X, et al, 2013. Advances on assessment of bioclimatic comfort conditions at home and abroad [J]. Advances in Earth Science, 28 (10): 1119.

YAO X, ZHANG M, ZHANG Y, et al, 2021. Research on evaluation of climate comfort in northwest China under climate change [J]. Sustainability, 13 (18): 10111.

ZHANG X B, ALEXANDER L, HEGER G C, et al, 2011. Indices for monitoring changes in extremes based on daily temperature and precipitation data [J]. Wiley Interdisciplinary Reviews: Climate Change, 2 (6): 851 – 870.

ZHANG Z, WANG K, 2020. Stilling and recovery of the surface wind speed based on observation, reanalysis, and geostrophic wind theory over China from 1960 to 2017 [J]. Journal of Climate, 33 (10): 3989 – 4008.

ZHONG J, ZHANG X, GUI K, et al, 2022. Reconstructing 6-hourly $PM_{2.5}$ datasets from 1960 to 2020 in China [J]. Earth System Science Data, 14 (7): 3197 – 3211.

ZHOU C, ZHANG D, CAO Y, et al, 2022. Spatio-temporal evolution and factors of climate comfort for urban human settlements in the Guangdong-Hong Kong-Macau Greater Bay Area [J]. Frontiers in Environmental Science, 10: 1001064.